生命，因閱讀而大好

優雅地反抗

勇敢做妳自己！翻轉恐懼 × 跳脫框架，追求內心真正的渴望

美國ABC新聞韓國分社長&全球數位記者
趙株烯 조주희 ——著
張召儀 ——譯

우아하게 저항하라

Prologue

我們都是美麗的抗爭者

距離第一本書《優雅地渴望》（아름답게 욕망하라，暫譯）出版已經過了十年，在書籍上市之後，我陸續和許多讀者見了面，在那之中有想把我當作榜樣的年輕朋友們、有感慨「想把女兒教得和妳一樣」的媽媽讀者，且男性讀者的反應也意外地相當好，讓我感到意義深遠。

其實我沒有想過自己會寫第二本書，只是隨著時間流逝，持續收到許多讀者提問：該如何克服在社會上碰到的種種不合理？於是，第二本書《優雅地反抗》就自然而然地有了雛形。

在前一本書裡，提及了讓生活不落於倦怠、牽引著我的「明智的企圖心」，也就是所謂「美麗的欲望」。純粹為了變成更好的人而努力——這樣健康的欲望成了我生命的原動力，也讓生活與職涯在日積月累下變得相當充實。而在這

在過去的三十年裡，我見證了五屆韓國總統就任。
和十幾年前相比的話，
現在對於女性記者的歧視已經消弭了許多，
女性也被賦予更多的機會。

本書中，則記述了二十多年來，我身為橫跨亞洲的美國電視台特派員兼分社長，是如何在採訪過程中克服差別待遇和矛盾，並使之發展為正能量。特別是女性們在社會上扮演各自的要角時，有什麼樣具體的方法，可以充滿智慧又柔軟地去克服遭遇到的種種不合理；以及當那條看不見的男女界線不停被提起時，應該如何適當地去應對，並且偶爾能夠「優雅地」反抗——我想與所有閱讀這本書的男女讀者們分享這些方法。

透過歷史上無數次的抗爭，我們不斷地修正方向，將命脈延續下去。如果不曾有過那些反抗，現在的我們不會擁有主體意識，也不可能享受到權利與幸福。

尤其是女性的地位與角色和以前比起來有了很大的變化，現在仍持續地發展當中。雖然差別待遇已經不像過去那樣明目張膽，但無意識、不露聲色的歧視與束縛卻依然存在。用女性媒體人的眼光看著這些過程，有時候會感到鬱悶，也會因為自己無法馬上給出明確的答案或解決問題，而只能在心裡默默給予支持。在此過程中，我逐漸得到了一個答案：比起流淚、吵架、受傷，靈活地說服對方以達到自己想要的結果或結論，才是能夠支撐我們走過這漫長人生的好方法。

而在這本書裡，便介紹了其中具體的方式：包括身為女性在不同的文化、性別之間如履薄冰時，應該如何保持平衡；在社會和家庭以及利益團體中，如何機智地應對、聰明地活下去；如同自己接收到的愛一般，懂得環顧周圍並付出愛，進而團結一心等，以及在全球化時代應該抱持怎樣的心態，來面對變化萬千的未來。最後，我也分享了一點自己的「抗老哲學」：不畏懼年齡增長，優雅地接受現實，並且努力不懈地管理專屬於自己的美麗。

我們現在必須立即開始的，是要靈活、優雅地進行反抗。高喊女權的口號固然重要，但我深信，在此之前我們如果能在日常生活裡，以各自的方式不斷積累小小的抵抗，那麼將會在不知不覺中創造出歷史的新浪潮。

現在回想起來，我在二十歲和三十歲那個階段過得非常熾烈。二十多歲時是決定未來發展道路的時期，在眾多的夢想和選擇中，我忙於找尋自己想要且能夠做好的事，並以此來設定方向。接著從三十歲開始，我便朝著自己選定的道路，義無反顧地奔向前去。

雖然在過程中有很多時候會被動搖或感到挫折，但每次讓我堅持下來的都是「我自己」。是內在的勇氣與力量，讓我總是能夠準確地知道自己處於什麼位置，並且得以抓住重心繼續走下去。外部環境充滿讓人受挫或崩潰的狀況，我之所以能夠機智地去應對和處理，其中的答案就在於「韌性」。與其正面迎向外部的各種攻擊，我們更需要懂得有智慧地防禦，而這種韌性正是能夠長期好好守護自己的訣竅。

戰勝偏見與差別待遇的最好方式，就是先讓自己變得堅強。為了得以毅然決然地面對偏見和歧視，最重要的，便是自己對人生的目標和價值觀必須明確。身為女性的我們，在生活中經歷了無數的歧視與不合理的情況，但若我們能夠理直氣壯地去面對，就可以有智慧地做出反應並且戰勝、超越現狀，未來也能用更加從容的心，去接納、享受這個世界。

歲月以驚人的速度流逝，不久前我迎來了美麗的五十歲。我想與各自努力往前邁進的無數讀者們，分享我在韓國社會與世界的變化之中，做為一名職場女性所經歷的一切。希望透過這本書，我能夠成為大家人生的前輩，帶來一點小小的幫助，也期盼我的真心能夠傳達給更多的讀者們。

在這個混亂的世界裡，
美麗又優雅地抗爭著、
抬頭挺胸生活下去的你，
無論何時，我都在為你加油。

趙株烯

Contents

Chapter 3
與其競爭，不如漂亮地聯手

Chapter 4
在世界的洪流中，需要不斷地變化和成長

Chapter 5
保持生活和工作的平衡

BREAKING NEWS
TRUMP AND KIM FACE-TO-FACE
President Trump and Kim Jong Un meeting now behind closed doors

NEWS
See More
ABC News • 3:32
MORE: The dramatic days-long rescue...
BREAKING NEWS
THAILAND CAVE RESCUE
Share
Write a comment
team and coach rescued from Thai cave

3 | 1

4 | 2

1&2. 外電記者沒有日夜之分，當兩韓的局勢漸趨緊張時，不管有什麼私人行程都要立刻排開，投入報導現場。

3. 二〇一八年南北韓高峰會轉播現場。

4. 二〇一三年在首爾大學與 Google 執行長艾瑞克・史密特（Eric Emerson Schmidt）的對談，雙方以「面對未來應該如何準備」（How to Prepare for What's Next）為題，進行交流與分享。

3 4 | 1

5 | 2

1. 二〇一九年五月在首爾舉辦的亞洲領導力論壇（Asian Leadership Conference）現場。當時我擔任論壇的主持人，在活動上有這麼一句口號：「設定遠大的目標，朝著夢想前進吧！」。不要用「到這個程度就好了」、「做到這裡就夠了」這些話來自我侷限，而是要懂得制定超出自己想像的遠大目標。

2. 和亞洲領導力論壇上的女性領導者們合影。

3&4&5. 與熱情的同事及優秀的受訪者們一起在現場工作時，我總是能獲得全新的靈感，並期待著全新的挑戰。

NIGHTLINE

4 | 1

5 | 2 3

1. 韓裔僑胞 Juju Chang 是 ABC 新聞的當家主播，在競爭激烈的美國主流電視台當中，她可謂是最成功的亞洲人。Juju Chang 身兼三個兒子的母親、妻子和媒體人身分，她是我的驕傲，也是我最有力的「支柱」。

2&3. 科學家也好、媒體人也罷，任誰都不是靠一己之力就足以猛然挺立。多虧前輩們走在前方的努力及挑戰，一點一滴地累積，成為了我們的墊腳石。而我，也期許自己能成為那樣的角色。

4&5. 雖然是從採訪開始的，但我和脫北者孩子們的緣分卻延續了下來。對於那些在社會上得不到保護的孩子，我願意盡我所能，給予他們我在養育自己的孩子時所學到的東西。

3 4 | 1

5 | 2

1. 對記者來說，有所謂的「新聞倫理」，意即在採訪時必須肩負社會責任，保持客觀公正的態度，因為記者說的話和寫的字，有可能會對某人造成傷害。就像是握著手術刀的醫生一般，必須時時刻刻小心謹慎。圖為與受訪者李國鍾（이국종，音譯）醫師的合影。

2. 在二〇一八年平昌冬季奧運會上。

3&4&5. 世界變得愈來愈小，國家也逐漸邁向多文化、多種族社會。生活在同一國家裡的我們，對於不同性質的事物，應該要能抱持著更加寬廣的胸襟。

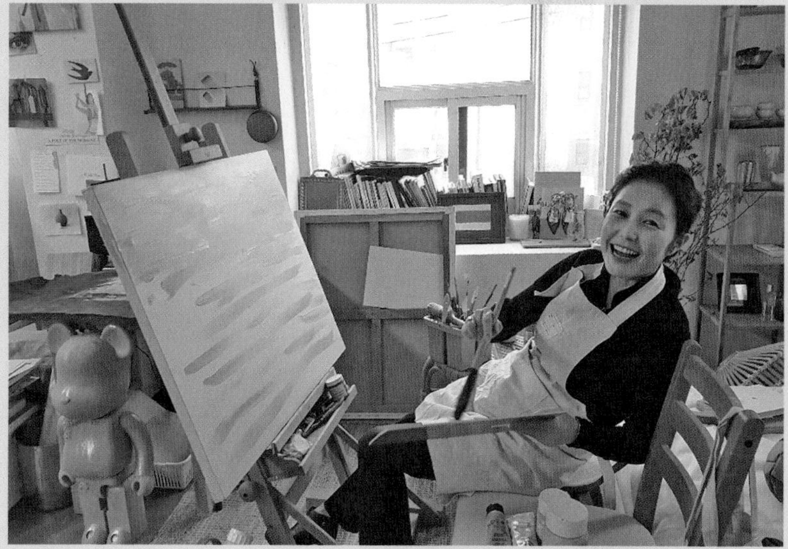

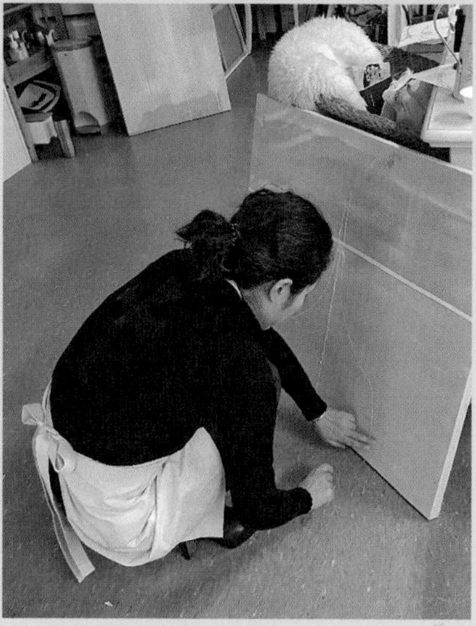

4 | 1

5 | 2 3

1. 不久前我迎來了美麗的五十歲。我想與各自努力往前邁進的無數讀者們，分享我在韓國社會與世界的變化之中，身為一名職場女性經歷的一切。

2&3. 希望每個人都可以找到適合自己的休息方法與紓壓方式。為了維持健康，我喜歡做瑜伽和皮拉提斯，享受打高爾夫球，偶爾也試著挑戰料理和畫畫等多樣的興趣。

4&5. 即使年齡漸長，也要懂得拒絕社會和文化所強加的「束縛」。現在正是尋找自我，展翅高飛的最好時機。

Chapter 1

所謂的「越線」

如果對方越過了我劃定的界線，
應該如何應對和防禦呢？
面對差別待遇，我有一套自己的對應方法：
嘴上帶著微笑，但眼神裡的警戒絲毫不鬆懈，
將全身的感官都敏銳地豎立起來。

身為女記者這件事

我離開韓國到美國就學，接著在美國、香港、新加坡等地擔任負責亞洲區的媒體人。身為少數民族加上又是女性，這一路上遭遇了無數阻礙，我努力地用自己的方式去克服。而隨著國際間對韓半島議題的關注日漸升溫，我再次回到了首爾駐守，但相隔十多年才又踏上的祖國土地，卻讓我碰到了意料之外的另一堵高牆。

其中最大的差異，就在於人們看待「記者」這個職業的觀點。在國外，當我於私人場合表明「我的職業是記者」時，大多數人最先拋出的問題是：「主要寫哪個領域的報導？最近有什麼熱門的議題嗎？」而對比之下，在韓國大多數人問的是：「你是怎麼當上記者的？公司裡總共有幾名員工？」第一個提問不僅是懷疑我「外貌看起來不像新聞媒體局長等級」，還包含了「身為女人」怎麼能夠成為外電記者，並好奇我是如何爬上美國大電視台ABC新聞韓國分社長的位置；而第二個問題，則是為了明確地衡量我的地位及公司規模。

與其說是好奇身為記者的我在做些什麼，不如說是想判斷我身為記者，在社會上處於何種位置。然後隨著交談的延續，在對話臨近尾聲時，除了年齡、結婚與否，甚至連「記者當了這麼久，到現在大概賺了多少？」、「現在的收入大約是多少？」等敏感的個人話題，都經常被拿來當作談資。

此外，看待女性記者的視線也不一樣。雖然現在已經改善了很多，但就我的感受而言，在韓國，社會整體的氛圍明顯對男性記者投以較高的信賴。一直到幾年前，都還經常碰到受訪者拒絕接待身為女性，且看起來年紀小或資歷淺的記者。會有這樣的情形，或許是因為女性身分再加上年紀輕，就很難被認可為「專業」的社會汙名（Social stigma），亦即所謂的「標籤化」。不曉得為什麼，在回到韓國之後，以前不曾感受到的那些硬要劃分性別界線的情感，成為了令人厭煩的壓力。

又想起去年發生的一件令人啼笑皆非的事。當時，我參加了一場國際會議，自然與所謂的「權貴人士」有了互相問候的場合。在那個包廂裡，只有參加會議的演講者們和負責對談的主持人們，大家一邊上網一邊聊天，為論壇進行準備。原本是像初次見面的人彼此交換名片、自我介紹的場合，但輔佐那位權貴人士的部屬職員卻先向我遞出了名片，並開口介紹道：「這位是〇〇〇。」我內心訝異為什麼不是本人親自遞名片，但還是親手拿著自己的名片向對方打招呼：「您好，我是 ABC 新聞的趙株烯。」然而，那位權貴人士的回答卻只有兩個字：「好的」。「好的」，非常簡短且直接畫下句點的一句話。

因為太荒謬又令人感到無言，於是我只好靜靜地盯著對方的眼睛看。在一旁輔佐的部屬慌張了起來，說著「因為看起來很年輕，所以沒認出來」，努力收拾殘局，而那位權貴人士則匆忙地離開了現場。我年屆五十，說看起來年輕所以沒認出來，這句話真的是參雜著玩笑的稱讚嗎？我感到相當不悅。即使是面對年輕的記者，那簡短的一句「好的」究竟有多麼無禮，我想那位權貴人士大概至今都還沒有自覺。

兩次的總統新年記者會

現在也偶爾會經歷如此荒唐的事，那麼在我二十到三十歲時，又該有多嚴重呢？過去也曾在書裡介紹過，有一個足以展現出當時社會氛圍的代表性事件。那是我做為《華盛頓郵報》的特派員，參與總統就任後第一場外媒聯訪的事。當時我們抵達青瓦臺，一同前往的美國總公司社長和亞洲分社長被安排至採訪席，而我卻不僅非記者席，還被要求退到祕書官的位置上去。為此我們在現場發生了一點爭執，我用幾乎所有人都能聽見的聲音，理直氣壯地主張我應有的座位。而社長及同事也全都支持我的立場，最後才得以守住特派員該有的位置，進一步完成了採訪。連身為記者應當享有的權利，都必須大聲疾呼才能獲得的時期，當時社長安慰我的一席話，至今都還令人難以忘懷。

「做為《華盛頓郵報》的記者，你能夠不顧現場壓力，堂堂正正地去應對，我真的覺得非常驕傲。」

不久前，透過朋友的聯繫，得知有個人想要和我見面，我進一步詢問對方是誰，才知道原來是當時在總統就任記者會上，做為祕書官的陪同出席者。那時她被我極力爭取的模樣打動，想著一定要找個機會，向我傳達自己在現場感受到的情緒。時間已過去了那麼久，至今仍然有一位記得我、想要和我碰面的人，實在令我充滿感激。同時，我也覺得當年能夠不卑不亢地主張權利的自己相當了不起。

與同樣是外電記者出身的她見面，我們一起享用了愉快的晚餐，就好像是見到平時關係親近的記者前輩一般，不曉得哪裡還能碰上這樣的偶然，因此感到分外開心。她散發著灑脫、優雅的氣質，富有魅力的清脆嗓音尤其令人印象深刻。

她說當時看到我理直氣壯地表示「我也是來進行採訪的」，經歷了幾番堅持，最終得以與總統面對面坐下來採訪，感到驚訝的同時也覺得十分痛快。我們聊了做為女性外電記者，在韓國是一場多麼艱困的鬥爭，彼此分享了很多在政治導向及思想呆板的韓國社會中經歷的插曲，更談到那次聯訪時以高姿態欺壓我的男性工作人員。除了個子非常高、聲音宏亮之外，我對那位男性工作人員的長相已經記憶模糊。據說他當時擔任禮賓祕書官，平時就屬於比較木訥的類型，接待外國媒體的經驗也不多，因為在應對進退上還很生疏，才會導致那樣的事情發生。當時，祕書團要我退到後面的席次上，而替這項無禮舉動收拾殘局、將我換到前面座位的不是別人，正是總統。在採訪一開始，總統就像是要刻意展現一般，針對我的提問誠意十足地進行了答覆。至今我回想起當時的情況，仍會對那位祕書官不問對方負責的業務與能力，只單單因為是女性就將之往後排擠的態度，感到十分可悲。

「女性應當不會坐高位、擔重任」，社會上這種先入為主的偏見，以及在工作場域上，總是讓女性坐在男性的最後方，卻又在禮賓場合時，必定在男性重要人物的身旁配置一位女性等。面對這種自相矛盾、不平等的陋習和文化，在過去的二十五年來，讓我內心那股小小的傲氣與巨大的反抗之情悄悄升溫。據悉，當時在我離開之後，青瓦臺有一段時間掀起了反省的浪潮，要求接待外媒記者時必須具備基本的國際禮儀。

在那之後，十幾年過去，我再次參加了新任總統的新年記者會。但偏偏前一天我工作到凌晨，因為不小心睡過頭，只好頂著一頭濕髮、連妝都沒來得及化就匆忙地趕到青瓦臺春秋館。這次據說是以自由提問的新形態進行記者會，於是各國記者爭相提問，看得出來總統當天也特意平均地指名坐在前排與後排的記者。後來，總統正巧與坐在中間的我對到眼，被點名後，我隨即拋出了兩個問題。

「您好，我是ABC新聞的趙株烯記者。這個問題可能會稍微有點困難。美國是韓國最親近的同盟國，而朝鮮又是韓國的兄弟之邦，對吧？在美國與朝鮮互不相讓的對峙狀態下，過去韓國受到威脅時，美方的定位是對韓國提供協助，而如今朝鮮直接對美國進行威脅的時代已經來臨。雖然不知道這是否會成為二選一的問題，但很多美國人想要了解，如果美國與朝鮮之間發生矛盾的話，韓國會採取什麼樣的定位？希望總統您能說一下對這件事的看法。」

當時北韓的核武威脅持續地籠罩韓半島，而美國所認定的友邦韓國卻發表親北政策，向北韓伸出了友誼之手，眾人皆對此感到相當訝異，於是我便一針見血地針對這項議題發問。雖然回答起來可能相當敏感，也不是能夠二選一的問題，但身為記者，必須毫不猶豫地拋出大眾感到好奇、需要被回應的疑問。

總統是這樣回答的：

「我認為，關於保障國家的安全，韓國和美國不僅是長期的同盟國，也對此擁有共同的理解。北韓的核武和導彈威脅，韓國感受到的也和美國一模一樣。

因此，韓、美兩國一直以來透過密切的合作，來對應北韓的核武問題。同時，正如剛才所說，我們與國際社會一同對北韓進行高強度的制裁與施壓，其最終目的，是引導北韓透過對話來解決外交方面的問題。或許是美國主導的制裁與施壓帶來了效果，南、北韓之間的對話已然展開。這次的對話可以視為南北韓關係改善的契機，我們也試圖將此發展為解決北韓核武問題的機會。美國對此毫無異議，並且全面支持此次的南北會談，同時表示希望這次的對話有助於解決北韓的核武問題。」

這次的記者會有全程轉播，由於是破例以自由提問的方式進行，所以在社群媒體上格外地受到大眾關注。當時我和 BBC 的記者勞拉・比克（Laura Bicker）、WP 的記者安娜・費菲爾德（Anna Fifield），在 YouTube 話題排名及 NAVER、Daum 兩大入口網站的檢索詞中，以「外媒女記者們的尖銳提問」成為了話題，周邊朋友們的訊息也接連不斷，紛紛表示在網路上被我的名字洗版。從新聞和各種留言評論來看，有很多人表示問題問得很好，但總統的回答不怎麼樣等嚴重的批判，從政治上劃分為兩派，反應非常熱烈。

當時，有很多人好奇我提出這個問題的用意，對此我從未正式說明過，若要透過本書首次表明的話，首先，針對我的提問，我認為總統從元首的立場出發，給出了在外交上最好、最適合的答案。記者和受訪者的關係就是如此。民主主義的基本是言論自由，不管是什麼樣的問題，記者都應該要能夠堂堂正正地提出來，而受訪者站在防禦的立場上雖可避重就輕，但不能給人忽視問題的感覺，這樣才是面對提問時正確、健康的應答。亦即就算對方沒有給出我想要的答案，也不代表那就是不好的回答。因此，對於我直率的提問，我認為總統做出了身為元首足以回覆的答辯。

在過去的三十年裡，我負責採訪與韓國相關的新聞，一共見證了五位總統的就任，也持續關注韓國社會的變化。和十幾年前相比的話，現在對於女記者的差別待遇已經明顯改善很多，也賦予了更多的機會。若過去的社會風氣，是難以容忍女性記者「膽敢」與總統坐在同一張桌子前提問，那麼現在的社會氛圍，是即使女性記者對總統拋出稍微尖銳的問題，也不會覺得尷尬或遭受非難。能有這樣的變化真是讓人慶幸，也燃起了男女平權「正在逐漸邁進」的希望。

然而，在男性佔據主流的媒體界，身為一名女性記者充滿挑戰。就男性的情況而言，如果看上去有一定年紀，即使不多加說明，眾人也大多會推測他的經歷和能力十分出色；相反的，就我的情況來說，很多時候僅憑「ABC 新聞的分社長」這一職稱還遠遠不夠。關於「我」這個人，總是需要再進一步地闡述和說明，若不懂得自我宣傳的話，甚至經常是難以得到認可的。

比起我採訪後所呈現的報導成果，人們更關注我的外貌以及身為女性的這個事實。活在這樣的社會裡，一方面覺得現實很不合理，一方面也因此而有所領悟。最終，因為無法忽視自己在對方眼裡的評價，所以每次出去採訪或開會時，為了讓服飾及妝髮符合專業人士的模樣，不惜投入了相當多的時間和金錢。雖然不得不這麼做的現實讓人有些苦澀，但與以前相比，我們的社會顯然正在緩緩地往兩性平等的方向前進。無論在哪一個領域，都有許多女性孤軍奮鬥著，而我們在這期間也累積了不少經驗，並試圖在失敗中探索正確的價值觀。因此，針對性平觀念的孰是孰非，如果能透過多方討論來達成集體共識的話，這個社會對職場女性的關懷與體貼，是不是會逐漸進步呢？

與其板起臉孔，不如微笑以對

「這是性別歧視嗎？」

我經常從親近的朋友、珍視的後輩那裡聽到這樣的疑問。事實上，有時很難界定自己是否受到了性別歧視，而在這種情況下，如果無法從容地去應對，還可能會被冠以「一點小事就大驚小怪」、「太過敏感」、「個性真差」等各種汙名。

首先，有一點值得注意，是否「受到差別待遇」的標準本身就是主觀的，因此該基準是可以由自己來制定。無論是性別歧視或是種族歧視，「我是否受到差別待遇」的基準，最終取決於自己做出了什麼樣的判斷。在認為自己受到傷害、感到委屈之前，要先意識到引導局勢的關鍵在於「我」。

當然，有些歧視性的行為，是對方多多少少故意表現出來的，但令人驚訝的是，有非常多人是在不經思考的情況下，就拋出了歧視性的言論，特別是比我年歲還要大的長輩更是如此。所謂的「世代差異」就是指這樣的情況，因為長期的習慣或文化方面的影響，有些人會將帶有歧視或低級的言論當成是玩笑話，這種情形不論是男女老少都有可能遇見。甚至令人驚訝的是，這些帶有歧視、侮辱性的言辭，會讓對方的精神狀態受到怎樣的衝擊，他們從來都沒有思考過，也不打算去了解。

在有人像機關槍一樣發射出汙染物炮彈時，就有人會被那些炮彈擊中，然後在汙染物形成的沼澤裡拚命掙扎，最後甚至經常發生自我殘害之類的事，令人倍感惋惜。切記，千萬不要因為陷入那冒失又骯髒的沼澤裡，而成了犧牲者。

從現在開始，我想說的是，當你覺得自己從某些人那裡受到言語暴力或差別待遇時，首先必須要正確地掌握對方是個什麼樣的人。之後如果意識到「啊，原來我受到歧視了」，那麼從那一刻起就要聰明、機智地去應對——我想以此做為前提，來展開下面的話題。

即使繁瑣，也請經常思考守護自己的方法

以職場中常見的情況來舉例吧，當上司對我說：「你不是要回家照顧孩子嗎？」然後將我從團隊的重要企劃案裡剔除，且準備把我的工作交給男同事頂替時，在這種場合要如何反應呢？是一言不發地下班，還是多說一句表達自己的意見？又或者是告訴主管已經找到人照顧孩子，將自己推入加班的境地呢？

雖然很繁瑣，但請你要經常假想若是遇到這樣的狀況，自己應該如何應對。如果對此從來沒有思考過，在那樣的情況下，很有可能連一句話沒辦法好好地表達，只能在支支吾吾後就轉身離去。接著，回家後向丈夫抱怨上司的蠻橫行徑以尋求安慰，或是平白無故地對孩子發脾氣，又或者責怪自己太過聽話。最終，只是因為從口不擇言的上司那裡聽到一句不想聽的話，就使自己的精神狀態面臨崩潰。碰到這樣的情況，若是我的話應該會如此對應：

假設孩子生病了自己必須早點回家，但眼前參與的企劃案又相當重要，首先

可以用「謝謝你的體貼」來當作回應的開場。因為不知道上司是真的為我擔心才拋出如此提案，還是出於扭曲心態擲出的嘲弄，所以，一開始我會先向主管表達謝意，「雖然不知道你的意圖，但由於是出自真心，我願意接受」，將這樣的感謝訊息傳達出去。當然，是帶著微笑的。

接下來則非常重要，以「但是」當作轉折的起點，表達自己會懷著喜悅的心全力以赴，請主管把工作交給自己，必須堂堂正正地將飽含真心的球扔進上司的領域裡。當然，需要有顧及主管位置及自尊心的智慧，如果在那瞬間因為對上司的話感到不滿，緊皺眉頭或是大聲嘆氣等露出不高興的肢體表現，對日後與上司之間的關係沒有幫助，必須要懂得自制。假如那位上司是故意要將我排除在外的話，就算在我的立場上實在怒不可遏，也要假裝沒察覺到對方的用意，對著上司明朗地表達出謝意，如此一來既可以保全上司的顏面，也可以緩解不必要的紛爭和緊張局面。

當然，也不要忘了對差點成為自己競爭對象的男同事表達感謝，傳達這樣的訊息：「謝謝你考量到我的情況，如果下次家裡有急事的話，一定要拜託你多幫忙。」在英語裡，優雅又果斷地表達拒絕之意時常使用這句話：「Thank you, but no thank you.」（謝謝，但我不需要），非常適合用在此情境中。而在這種狀況下，「微笑」也是不可或缺的。將我對於工作的野心及感激之情結合在一起，釋出如上的訊息也相當於從同事那裡獲得免費的保險，可謂一石二鳥之計。

再舉其他的例子吧。在職場生活的應酬酒席上，經常會發生許多讓人尷尬的事。像是聚餐的時候，坐在旁邊的上司偷偷地握住我的手，我以「請把手放開再說」這樣輕微卻直接的話來警告對方，接著迅速轉移話題。而選擇將話題轉移的原因，在於不要讓對方因為我的話而感到顏面盡失。一旦發生那樣的狀況，對方的自尊心會受到傷害，而自尊心受傷的話，未來將可能用其他方式對我進行報復。

假如對方做了不必要的肢體接觸，在委婉但明確地警告之後，最好盡快緩和當下的氣氛。然而，若對方已經醉得不省人事，這樣的方式就有可能行不通。其實，在醉酒的情況下，任何方式都已經發揮不了作用，我認為立刻站起來從座位上離開，才是最好的選擇。

隔天，很可能會聽到「部屬職員怎麼可以就那樣擅自離開呢」的責難，這時，必須要能夠面帶微笑地說：「因為社長您做了那樣的行為，為了不讓場面變得難堪、為了社長著想，我才先離開的。」稍稍攻擊對方的要害。

如前所述，女性在社會生活裡，經常會碰到令人無語、感到荒謬，卻又無法把事情鬧大、難以界定的事件。在這種時候，最好的戰略就是要在自己的身上裝備好各種武器，而為此我們必須先設想過各種情況，意即當事件實際發生時，自己該如何適切、立即地應對，以及具體該講些什麼樣的話。自己必須先對這些事情有所思考，才能做好防禦的準備。

應對差別待遇時的獨門訣竅

在西方，有時也會因為身為亞洲女性而遭受歧視。例如在搭乘美國航空時，就曾經遇過男性空服員稱呼我為「honey」（親愛的）。「honey」這個詞主要是在夫妻或是相愛的人之間使用，但有時也會用在比自己年紀小很多的人身上，或者是老人對年幼者的稱呼。然而，那位男性空服員脫口而出的「honey」，語調很明顯地帶有輕視之意，我一聽就明白了。從他的話語裡，我感受到了對亞洲女性的無視，但因為我是乘客又不能置之不理，於是就用「honey」這樣雙關的語彙，滿足自己想打壓我的欲望。

因為從大學時期開始就經常遇到類似的事，所以我一刻也沒有猶豫，抬頭挺胸、斬釘截鐵地按照早已準備好的台詞頂嘴：「Excuse me, I'm not your honey.」（不好意思，我不是你的親愛的。）如此一來，大部分的空服員會表現出「whatever」（那又怎樣）的反應，但偶爾也會有人驚覺不好意思，然後向我道歉。在旅途中受到與此類似的待遇而感到不快，但因為一句話也頂不回去，以至於日後相當懊悔的朋友們，這是我特別想要公開的小祕訣。為了明確地表達出自己的意見，我們要先富有自信；而想擁有自信的話，徹底地研究、準備及訓練就非常重要。

當然，我們無法對每件細瑣的事都一一做出反應。如果是對我來說不怎麼重要的人，可能就沒必要去回應對方；有時候也需要根據情況，假裝沒聽見帶過就好。然而，我們要如何區分各自不同的情況呢？答案很簡單，除了累積經驗之外，沒有其他的方法。但重要的是，我們在經歷之後，一定要能反覆地咀嚼、思考，建立出屬於自己的底線。如果經驗值還不足的話，設想各種情境並預先做好防範，也是一種方式。

針對差別待遇，我有一套自己的應對方法。首先，在和對方見面，簡單地聊上幾句後，就大致能判斷出：「那個人看低女性，有差別待遇的可能性相當高。」如此一來，我就會立刻轉換為防禦模式。當然，這種判斷也有可能是錯的，但預先做好準備沒什麼壞處。所謂的防禦並不是要明顯地表現出排斥感，那樣的話也不合乎禮儀，而是要讓自己的嘴上帶著微笑，但眼神絲毫不放鬆警惕，將全身的感官都敏銳地豎立起來。從那一刻開始，若對方越過我設下的界線，就馬上進入準備抵擋的狀態。而要想做到這一點，就必須明確地知道自己可以接受的限度到哪裡，但平心而論，可以容忍的界線也是要在經歷多次後才能知曉。「下次再遇到這樣的事，是否應考慮到社會文化的普遍觀念，退讓到某種程度呢？」、「如果對方做到哪種程度，就沒辦法再忍了」，類似這樣無數次地反覆思考，制定出屬於自己的標準。

年齡小或社會經驗較少的話，無論是誰都有可能感到慌張，也有可能在當下完全愣住，回到家後才覺得懊悔，委屈地嚎啕大哭。我也曾經如此。然而，每當那種時候，我都有一個慣用的方法：首先，回到家讓自己的心情冷靜下來，然後將當天發生的事鉅細靡遺地寫在筆記本上。不要因為害怕或不想再回憶起，就直接把筆記本蓋上，不管有多辛苦，都一定要回想然後記下來。如果是有可能提起訴訟的事，會更需要這樣的記錄。

一一地記下對方做了什麼，然後在旁邊加上括號，把「當時我應該要怎麼反應」也寫下來。這麼做的目的並不是為了責怪自己，而是為了進一步成長，在腦海中模擬一下往後如果再發生類似的事，自己應該要如何應對，也練習看看該用什麼樣的表情和語氣說些什麼。由於我的職業是播報新聞，因此經常站在鏡子前面練習表達，一想起我為了預演如何應對無禮男性們的攻擊，平常也站在鏡子前反覆模擬的那段時期，至今仍會忍不住莞爾一笑。

運動選手們在身體無法接受訓練的情況下，就會進行所謂的「意象訓練」。他們想像自己實際移動著身體，在腦海中描繪出各種可能的狀況，然後根據狀況的不同，模擬一下肌肉和神經會如何反應。據說這樣做的話，在實際的比賽中就能熟練地移動身體，進而起到幫助。同理可證，我們也需要進行類似的意象訓練，唯有如此，才能將差點成為創傷的事件轉成有益的人生經歷。開始著手準備吧！若想挺過歧視與暴力，就必須懂得隨時未雨綢繆。

人生在世，無法預測自己是不是會遇到更糟的情況。有可能比性別歧視或性騷擾更嚴重，像是被威脅或是遭受性侵害。因此。我們有必要設想一下最壞的情況，在那種時候是要先打電話報警，還是先逃離現場再說，必須試著想想看各種應對的方法。

我所遭受的傷害，不能以回家蒙在棉被裡大哭做為結束，如果是應該要到警局報案的事件，就算覺得羞愧或丟臉也必須去。若不想留下終生折磨自己的陰影，即便再痛苦也要咬緊牙關，讓不斷湧上來的情感冷卻，喚醒自己的理性去消化事件。因此，我想建議大家在腦海裡想像各階段的狀況以及最壞的情形，並對此先進行模擬訓練。假想各種各樣的情境，然後仔細思考遇到時應該如何處理，且一定要進行應對訓練。例如在危急時可以打電話給誰，單單是將緊急電話存到手機裡這個動作，就是守護自己的一個好的開始，也是改變的起點。

這樣的準備我反覆進行了無數次，從某一刻起，我產生了不管遇到什麼樣的狀況，都能夠不慌不忙、妥善應對的自信。因為我事先做好了準備，所以即使面對帶有歧視的言行，也不會輕易感到灰心或憤怒，甚至連傷心的時間都覺得浪費，反而是帶著同情的眼光看待思想落後的對方，想著應該要對他施以警告還是懲戒。而能夠做到這些，全都得益於一路上經歷的許多風波，讓我的精神狀態愈來愈堅強，以及曾謹慎地計劃、練習過各種對應方式。

用精明的妥協來爭取持久戰

「人種」是無法任意改變、屬於自己的本來面貌，因此，對自身的種族和性別感到不滿或懷疑，是最浪費時間的事。就當是為了自己，應該要抱持著信心，以肯定的態度來接納事實，身為女性的自我認同也一樣。只要是韓國女性，都至少會經歷過一次因為天生的性別或種族導致的利益損害。我所任職的ABC新聞，雖然相對擁有尊重多元人種和性別的組織文化，但也不時會出現意料之外的狀況。

大約十年前左右，負責所有海外新聞的副社長級上司離職、新的主管就任，由於他常駐在總公司，而我則因為是特派員，主要在亞洲區活動，和他實際見面的次數大概只有五次。由於工作需求，我們經常會通電話。然而，在他上任之後，隨著時間流逝，給我的感覺愈來愈奇怪。他在和我說話時，與跟其他男職員講話時語氣相當不同，我擔心是不是自己誤會了，所以也詢問公司的其他女同事是否有類似的想法，果然她們和我有相同的感受。

他平常就待我十分冷淡，也不是因為我犯了什麼錯，和他通話總是有莫名其妙、不舒服的感覺。每次用電話和他討論公事，從他冷漠的反應裡完全感受不到任何善意，讓我覺得很悶，內心也很不是滋味。因為他是我工作上的直屬上司，我們經常需要通電子郵件，但他對我寄出的郵件已讀不回的次數多不勝數。即使回信給我，也幾乎都是「Sure」、「OK」之類的簡短答覆，因此在我的立場上，每次都不由得會感到失落，也因為不明所以而心生煩躁。

派駐於世界六、七個國家的 ABC 新聞記者，在他上任不到兩年中，女性們被一一換成了男性，最後幾乎所有的特派員都改由男性替代，而且被換上場的男性當中，有一半以上都是同性戀者。後來才知道，他是極度根據個人的偏好來調派職員，在承認性別認同多樣性的組織裡，身為同性戀者的他對其他性別表現出歧視，這樣的狀況不免讓人覺得諷刺。

雖然有些委屈，也感到很不安，但我還是決定冷靜地觀察一下情況。因為最終擁有人事決定權的是他，並不是我能夠馬上站出來抗議或者指出問題的狀況。在總公司，更換特派員的人事權掌握在高階主管手中，而他則是這些高階主管裡非常重要的一員。

因此，當時我選擇的方法就是「After a storm, comes a calm」（風暴過後，必將迎來平靜），靜靜等待風暴過去的時刻。至少身為韓國特派員的我和他分處地球的兩端，沒有發生過當面衝突的事件。

況且，我已經做為韓半島專家在公司內站穩腳步，工作了二十多年，能力也充分得到認可。即使他將所有的女性特派員都換成男性，我也有信心他絕對不可能找到其他記者來替代我的位置。因此，就算他對我不親切，偶爾彷彿在嘲笑我一般的諷刺語氣也令人相當反感，但對於他幼稚的歧視行為和偏心舉動，我沒有馬上揚起反對旗幟，反而想著在工作上不讓他有機會挑我的毛病。

每當有需要和他通電話的事情時，不管他的態度如何，我都會盡量用和善的語氣誠懇地與他對話，即便心裡感到相當鬱悶。其實，在與他通話之前，我總是要一邊深呼吸一邊告訴自己：「忍一下吧，忍一下吧，他只是因為我身為女性所以表現出不屑，並不是對我的工作有什麼不滿。」事先整理好自己的思緒。現在回想起那時候的情景，仍會忍不住苦笑。

就這樣，不知不覺過了三年，某天突然聽到他要辭職的消息。後來打聽之下才得知，他在公司內部和某人發生嚴重的爭執，最後沒能控制好自己的情緒，幾乎要朝對方拳打腳踢，於是受到了懲戒，而與公司的續約最終也宣告失敗。在聽到這個消息時，那總是帶來傾盆大雨的暴風圈，終於有了雲開日出的感覺，而沉甸甸佔據內心一角的冰岩，也總算開始融化。

暴風過後的景象比想像的還要悽慘。之前的特派員中，至少有百分之三十以上是女性，但因為該名上司的影響，特派員全都換成了男性，生存下來的女職員只剩下我一個。

專做一些不管是誰都覺得不合理的判斷，以致於對組織造成傷害的話，總有一天會付出相應的代價。當然，速度和時間會根據組織的不同而有差異。

委婉卻實用的抗議方法

就算不是性別方面的問題，在職場生活裡，無論是誰都難免會從主管或同事那裡遭受到不合理的事。更何況，有時握有權力的上司平常就不是公平對待下屬的人，其下職員們所承受的痛苦不只一、二項而已。

如同前面所舉的例子，有時候需要靜待時機，等暴風圈自然遠離，但有時候默默等待並不是最好的方法，而區分這兩者便是最困難的部分。如果對方說出讓我覺得不可理喻的言詞，或是給了不公正的待遇，那麼有時就必須在不過度攻擊的前提上，柔軟又優雅地向對方拋出一記警告。

上司將我報告的內容當作自己的點子一樣公開討論，是每位職場人大概都會經歷過的事件。「我們組員裡有人提出這樣的想法……」以此做為開場，然後再加上自己的意見，與打從一開始就像自己的點子一樣提出來，兩者的差異猶如天壤之別。如果遇到那樣的狀況，要當面向上司抗議其實並不容易，不僅會擔心之後與上司之間的關係，應該如何抗議、抗議到何種程度，其實也是令人尷尬的問題。

我也有過類似的經歷。某一天，新任的上司問我對於北韓的發展有什麼看法，我趕緊將自己的意見整理好，並用電子郵件寄給他。然而，就在我們用電話進行全體會議時，上司卻將那些內容當作自己的想法一樣提了出來。雖然我氣得瞠目結舌，覺得他很可惡，但若直接向上司抗議的話，不管怎樣都會讓彼此的關係變僵。當然，選擇說服他或私下向他提出抗議也是種方法，但那樣做有可能傷到對方的心情和自尊心。為了不讓對方感到不悅或是受到壓迫，就必須擁有良好的溝通能力，那時我切切實實地感受到了這一點。

經過反覆苦思，我想出來的妙策是以後發電子郵件時，不僅要寄給上司，還要副本給他底下的兩位職員。雖然不是直接對本人進行抗議，但希望藉由這個方式，可以讓他自己認知到「原來那麼做是不行的」。或許上司可能會心情不好，但至少不是在職員們面前令他難堪，因此我認為這是個恰當的應對方式。

不曉得是不是那件事導致上司心情很差，在那之後，他將近一個月都避免與我通電話。然而，我認為能否克服這道難關是他的問題，如果能力足以勝任該職位，面對這種程度的事件應該要能夠重新振作起來；如若不然，就算因為該事件而對我進行報復，那也是日後我應當要承擔的部分。對當下的我來說，更重要的是將自己的選擇付諸實行、抱持著信心，並且對能向不合理之事發出警告的自己感到驕傲。

我就像什麼事都沒發生過一樣舉止如常，而在那之後，因為北韓又再次進行了挑釁，我們忙於提供新聞報導，因此與上司的關係也就自然而然地回到原本的狀態。當然，在那之後他就不曾再將我的意見當成自己的來發表，反而還在某一次的全體會議上，深深讚賞我「具備對朝鮮的深度理解」，在暗地裡給了我補償。最終，是我獲得了勝利。

尋找黑白之外的灰色地帶

談論到性別歧視，有時會擔心大家誤以為要把所有男性都視為敵人。我認為，與其用二分法來劃分男女界線，不如將對方視為共同生活的夥伴，這樣的觀念才更為正確。只有不將彼此視為敵對狀態，而是以關懷的心認證雙方的差異，並且互相補足彼此的不同，才能讓這個世界變得更加美好。

在過去的三十多年裡，我走遍全世界無數個採訪現場，經歷過不少危險和艱難的時刻。若要前往災難、事故或示威現場報導取材，需要熬夜的日子更是多不勝數。因為這是我喜歡的工作，所以在進行時不覺得累，也因為年輕時不想輸給任何人，便依靠意志力一路堅持了下來。然而，若說絲毫沒有感受到體力負荷的極限，那肯定是騙人的。

男性和女性在體力方面明顯地存有差異，而且與男性相較之下，女性需要注意的東西比想像的更多。特別是像我這樣需要站在鏡頭前的職業，從長髮的梳理（我的頭髮如果沒有整理，在畫面上看起來幾乎會腫兩倍）、妝容到服飾等等，需要準備的事物比男性記者多了許多。

因此，在一起工作時，不得已之下一定會需要男同事的諒解與協助，這是我無法否認的事實。然而，對於他們給予我的體諒和幫忙，我必定會加以報答。因為他們主要是協助我進行一些不容易達成的體力工作，所以我即使少睡一點，也會盡量去包辦那些需要動腦的事情，努力試著細心地體貼對方。

話雖如此，但並不表示我會閃避一切需要動用體力的工作，如果有很重的行李，我也會先作勢去提提看。就算一眼就知道那是我自己一個人無法負擔的重量，我仍會嘗試去搬行李。這些動作雖然看似微不足道，但在態度上卻呈現出很大的差異，既是真心也是戰略。這麼做的話，男同事們也不會袖手旁觀，尤其我大多數時間是和西方人一起工作，他們看到某人在做很吃力的事情時，通常會馬上過來幫忙，因為他們從小就接受過這樣的教育，特別是要優先對女性或是老弱者伸出援手。而這時，我們也必須真摯地表達謝意。

「Thank you so much. You're my savior!」（非常謝謝你，你真是我的救命恩人！）

就算多少會有一點害羞，也要懷著真心並明確地表現出感謝之意。在社會生活裡，能夠了解彼此心意的時間太過不足，而且還存在著各種限制。要把真心傳達出去需要一定的時間，因此在當下哪怕是用言語，也要先帶著滿滿的感激將心意傳達出去，這是基本中的基本。

在男女的界線之前，我們也是同事

二〇一八年，泰國少年被困睡美人洞事件[1]發生時，事故的採訪現場並不容易。該洞窟位於山中，必須要爬上山才能抵達基地營。在登山的途中，道路由於先前的雨勢而成了一片泥濘，我們舉步維艱，腳深深地陷入泥淖，雙腿必須非常使勁才能夠繼續前進，幾乎要用爬的才能到達目的地，加上當時豔陽熾熱，真的非常辛苦。所幸，當地的村民們經常用摩托車載人上山，但當時的狀況沒辦法搭載所有人。我們讓裝備最重的攝影師先搭車上去，不過他卻禮讓我先行搭乘。只有我自己一個人輕鬆上山，怎麼想都覺得過意不去，所以我在思考後提出了一個方案：我先搭摩托車到半山腰，然後再讓車子回頭去接攝影師，帶著行李搭車直接到基地營。這是一個可以感激地接受對方好意，又能夠一起承擔艱苦的妙策。

「這樣做很公平對吧？」當我問男同事們意見時，他們雖然嘴上說著：「如果你真的覺得要那樣做……」臉上卻一邊露出滿足的笑容，接著，團隊便溫馨地展開了採訪工作。

1 二〇一八年六月二十三日，泰國北部清萊府少年足球隊的十二名少年及其教練，因暴雨灌入而受困睡美人洞內，期間來自世界各地的救援團隊並肩合作，九天後終於成功營救出所有受困者。

在大多數的情況下，女性的體力比男性弱是事實，但如果惡意利用這點或是給人濫用的印象就不恰當。在區分男女之前，身為一起工作、付出的同事，必須要有懂得互相尊重、彼此關懷的基本素養。每個人都可能會有比較弱的部分，但要在自身所處的情況下，用言語和行動充分傳達出自己會全力以赴。如果我能體貼對方，對方同樣也會對我付出關懷；若對方給了我方便，我也應該以某種形式報答對方。

身為女性能做到的事

相反的，有時我覺得女性在極端的環境中反而更加堅強。在災難現場時，偶爾會目擊屍體和血淋淋的可怕場面，有些同事會忍不住嘔吐，但包括我在內的女同事們，很多時候卻表現得十分淡定。我很好奇這種力量是從哪裡來的，而實際上也有類似的研究報告。根據二〇一八年南丹麥大學（University of Southern Denmark）研究團隊發表的論文，顯示全世界大部分地區女性的生存率都比男性要來得高，在饑荒和傳染病嚴重的環境下出生的孩子，女嬰比男嬰生存得更好，這暗示了女性在生物學方面的強韌。這方面有幾個證據與假設，其中之一便是女性荷爾蒙雌激素有抗發炎的效果，可以保護血管。此外，女性為了生孩子至少要經歷九個月，或許正因如此，女性比男性擁有更好的免疫系統。雖然目前研究都還在假說階段，但我認為這是有道理的。

女性具有的母愛在職場上也會發揮作用。在採訪的時候，按時吃飯不是件容易的事，特別是男性選擇不吃飯、只喝啤酒的狀況更是屢見不鮮。然而，我除了照顧好自己的三餐之外，還要把一起工作的男同事的三餐也照顧好才能安心。有時候更會像媽媽一樣，苦口婆心地勸沒胃口的同事多少吃一點，這樣被我說服的同事，常常在事後表示自己當下「其實很感動」。

從英、美各國來到亞洲進行幾週採訪的同事們，即使很想念家人，也經常無法即時取得聯繫。雖然每個人不太一樣，但仔細觀察的話，會發現男性們似乎對於這種細節顯得比較粗心。因此，和他們一起工作時，如果在途中提醒：「現在紐約是〇〇點，快給女兒打通電話吧」，或者暫時接替一下同事的工作，讓他們和家人通個電話再回來，這樣的體貼常常會令男同事們相當感激。

人們聚在一起辛苦地工作，最終這些細小的關懷，會漸漸地累積成為對我的信任。我相信這樣日積月累的信賴，會在我需要幫助時像禮物般重新回到我身上。「禮尚往來」這句話，應該是可以通行全世界的真理吧。在這個世界上，並非只存在著黑與白，一定也存在著能夠讓彼此心意互通的「灰色地帶」。

關注 Me too 運動

二〇一八年席捲韓國的 Me Too 運動，是得以針對性別歧視再次討論、改善的契機。所謂的 Me Too 運動（me too movement），是女性們主動告發自己所遭受到的性暴力或性騷擾事件。二〇一七年，多名女性為了揭露好萊塢電影製作人哈維・溫斯坦（Harvey Weinstein）的性醜聞，在社群媒體上開始以「#MeToo」做為主題標籤，並逐漸拓展到全世界。

在媒體界裡，也有共同響應 Me Too 運動的女性新聞工作者們。二〇一八年十月，美國知名的主播宗毓華（Connie Chung）投書《華盛頓郵報》，一起參與了 Me Too 運動。她揭露自己在五十年前、二十多歲時遭受的性侵害，大聲疾呼「Me Too」。身為華裔美國人的宗毓華，是第一位成為美國主流電視台主播的亞洲人，也是一位傳奇性的人物。做為一名成功的女性，她冒著失去社經地位的風險，鼓起勇氣揭開傷痛，這讓我更想為她鼓掌喝采。

像電視新聞界一樣重視外貌和魅力的地方，在職場上發生的性暴力事件也特別多。二〇一七年，美國 CBS 公司確認新聞記者兼脫口秀主持人查理・羅斯（Charlie Rose）對多名女性職員進行性騷擾的事實，並因此將他解雇，希望能藉由這個機會，公開討論、終結男性上司濫用職權的問題。

而另一個值得關注的焦點是，CBS 在自家的新聞上播報了這個事件。雖然組織內部發生了不光彩的事，令人感到十分遺憾，但公司能夠針對這個案子好好地進行反省，並以媒體的角度光明正大地報導，這一點讓我留下非常深刻的印象。

如果在韓國的報社或電視台發生相同的事，我很好奇他們究竟能不能在自家的平台上報導該新聞。Me Too 運動之所以成為熱門話題，媒體扮演了很重要的角色，因此，希望在 Me Too 運動進行的過程裡，媒體也能夠站在中立的角度上發揮作用。

媒體也需要原則

在韓國，也有許多女性參與了 Me Too 運動，但令人遺憾的是，韓國社會上仍然有很多男性沒有意識到這個問題的本質，甚至還會指責站出來揭發事實的女性，懷疑她們別有居心。男性們無法理解為什麼她們寧願公開自己的身分，也要鼓起勇氣說出真相，這點讓人感到相當失落。我自己在與朋友們針對 Me Too 運動交換意見時，情感上也出現了很大的矛盾。一位平時令人敬重、十分優秀的老前輩，和我在對話時針對問題的觀點產生了分歧，且差異之大讓我備受衝擊。

此外，觀看韓國媒體對 Me Too 運動的相關報導，也有令人感到可惜的部分——媒體們未公開當事者的真實姓名，卻爭相報導女性們受害的情況。實際上，就受害者的立場來看，要提起勇氣揭發性侵事件非常地困難，因此在不公開真實身分的情況下進行舉發，是能夠充分被理解並獲得共鳴的。然而，對於被指名為加害者的男性來說，在沒有確認案件是否屬實的情況下，有時也可能平白無故受冤枉。因此，媒體的報導必須經過深思熟慮，並同時站在雙方的立場上才行。美國的媒體大多採用實名制，而且只有舉報者親自接受採訪才能做為新聞被報導。例如美國媒體不會採用「據悉A女遭男子洪吉童性騷擾」這樣的報導形式，意即不會將A女的名字做匿名處理，然後在沒有查明事實的情況下，用「據悉」這樣模糊曖昧的字眼來報導加害者洪吉童。

還有讓人遺憾的一點是，所有人都只關注刺激性的內容，對受害者的遭遇進行深入地挖掘、揭露與著墨。不是在私人場合，而是在公眾的電視台和媒體上肆意地報導，藉以滿足韓國社會上那超過了一定界線的好奇心與窺視欲。因此，我認為韓國在媒體方面，也有必要建立出明確的準則。

性騷擾的標準是什麼？

那麼，蔓延在韓國社會上的性騷擾，情況又是如何呢？我從一九九七年開始往返首爾工作，如果要一一羅列這段期間所遭遇的不愉快經驗，那麼肯定是無窮無盡。幸好，我的個性並不是會將某件事情放在心裡反覆咀嚼的類型，如果不是非常重大的事件，我通常會將之遺忘。然而，所謂的記憶真的十分奧妙，在新聞上看到和 Me Too 運動有關的各種事件時，過往的記憶就會像拼圖碎片般，零零散散地浮現在腦海裡：假借醉酒然後想進行肢體碰觸的手、毫不掩飾有其他意圖的眼神、像半開玩笑一般令人不舒服的言詞等等。就我的情況來說，對方通常不是上司，大部分是受訪者。當時我努力地將情況歸納為韓國社會「本來就是這樣」、韓國男性們「不懂得禮貌」，甚至偶爾會用「那個人是在對我示好」，這種既非安慰又模糊不清的合理化態度將其掩蓋。

從結果來看，我認為 Me Too 運動至少為韓國社會敲響了警鐘，以這點來說是值得肯定的。為了邁向改變，首先得要有人勇敢地站出來表達意見或引發話題，而媒體的角色，則在於公平、如實地報導該議題。在這個過程中，最需要注意的就是記者不應該越過報導的界線，直接針對問題提出解決方法。我認為，具體的應對方案，理當交給研究女性人權或社會學等的專家來規劃，其次再由社會運動者接手，有系統地組成團體並付諸行動。此外，社會運動也必須透過健全的方法、活動等等，努力促進大眾觀念的改變。比起缺乏根據、無差別地揭露性騷擾案件，我認為站在各種角度上檢討所有可能的選項，達成熱烈的討論後，政治界也跟著透過民主程序提出必要的法案，才能形成女性得以受到保護的社會文化。

但很可惜的是，Me Too 運動至今仍然只流於表面華麗的口號，未掀起多少具有深度的討論。在大部分的辯論節目裡，經常將焦點集中在政治議題或貧富差距等，兩性平等的問題似乎總是被排除在優先順序之外，這點讓人覺得相當惋惜。不過，最起碼我們已將這個現實的問題付諸公論，即使在討論的過程裡造成了混亂和傷害，但至少我們已處於「意識到問題」的階段，因此我認為韓國社會仍有希望變得更加成熟。

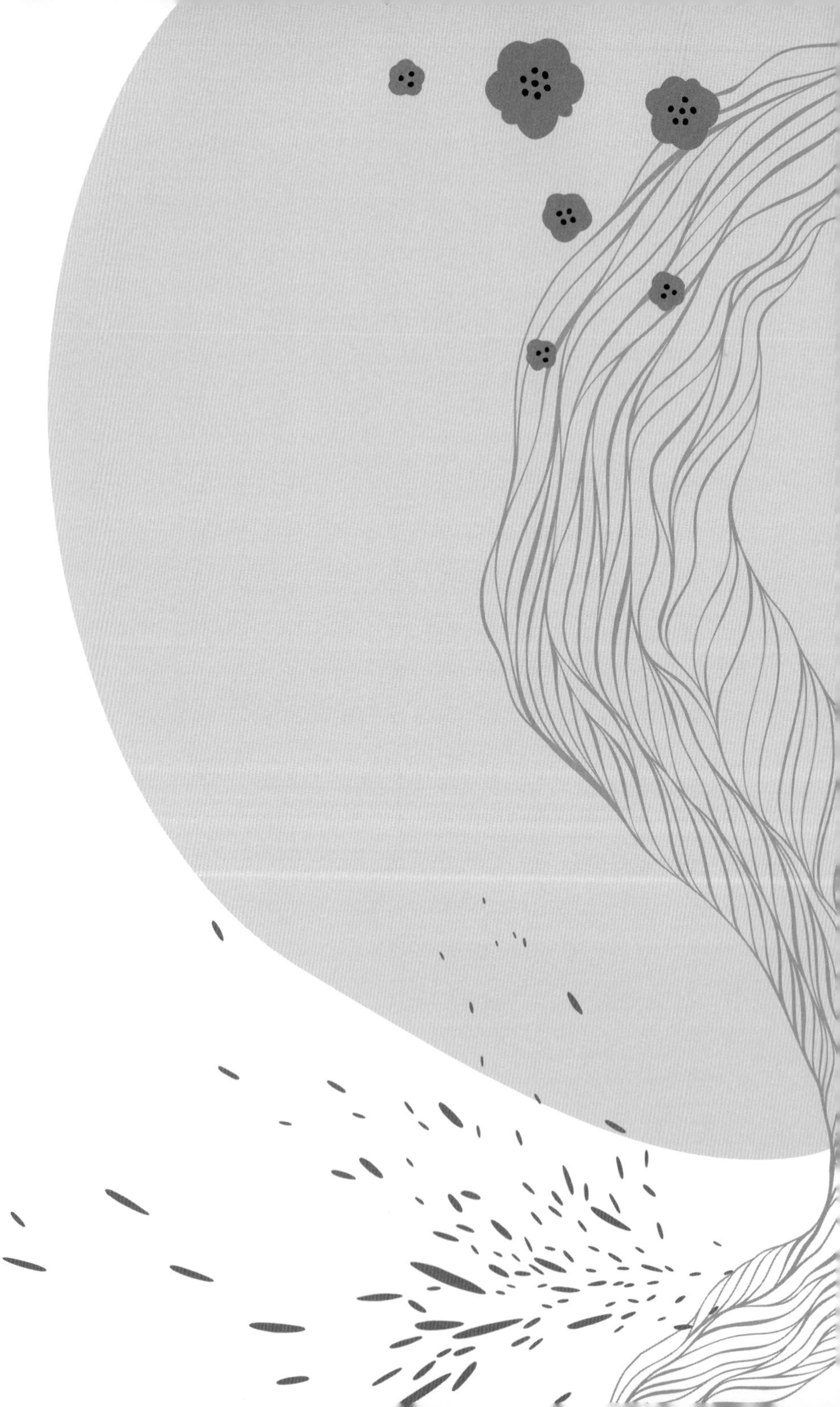

Chapter 2

只屬於我的 Software，培養內在底蘊

別忘了，每個人都有最適合自己的位置，
與其用眼紅和嫉妒來宣洩羨慕的情感，
不如將其轉化為激勵自己向上成長的動力。

打破阻礙成長的玻璃天花板

二〇一九年五月，我參加了在首爾舉辦的亞洲領導力論壇（Asian Leadership Conference）。前美國貿易代表部副代表溫迪・卡特勒（Wendy Cutler）、駐韓歐盟代表部首席政務官喬勒・海瓦妮特（Joelle Hivonnet）、做為共和黨代表，第一位參與加州議員選舉的韓裔美國人楊・基姆（Young Kim）、歷任BT-Japan社長的吉田晴乃等，在以男性為中心的領域裡斬獲成功的女性領導者們齊聚一堂。雖然她們都是在各界非常出色的專家，但那天大家約好了不談政策，而是互相分享各自在職涯生活裡所累積的個人經驗，更特別對職場女性提出了許多建議。

在公司組織裡，男性們經常會有彼此互相提拔的風氣，相反的，女性們則是單打獨鬥的傾向比較強，來自各國的女性領導者也都認同有這樣的現象。對此，許多領導人都異口同聲地說，雖然她們也想多提拔、栽培女性後輩，但女性們總是把自己的夢想設得太低。

一般而言，男性們即使實力不強，也會習慣先說大話，如果達不到預期的成果，就用一句「對不起」來畫下句點。相反的，女性們即使實力很好，也很少有人會主動提議「這件事我來做」。雖然不能用二分法來斷定男性與女性的狀況，但當時在座的許多女性領導者們全都點頭表示贊同。

在討論調高年薪的時候也一樣。男性們即使沒有做出什麼成績，也會理直氣壯地要求加薪百分之二十；相反的，女性們就算努力工作並充分地取得了成果，也經常說不出口要求提高年薪。有可能是女性在職場上顯得相對畏縮，但從正面積極的角度來看，也有可能是女性的共感能力較強，所以會思考「我如果那樣講，對方會不會很慌張」。綜觀而言，女性們似乎較傾向即使我不主動站出來自我炫耀，也希望別人會理解我並給予肯定。

當然，在這之中外部條件也會產生很大的影響。女性在結婚後通常會被育兒生活綁住，花在家人身上的時間和心力也會增加，所以實際上要與公司同事或主管們另外擁有相處的時間，或是單獨吃頓飯都很不容易。

如果女性們在面對工作時，也能夠樹立更高、更遠的目標就好了。那天在活動上有這麼一句口號：「Aim high and just go for it.」（設定遠大的目標，朝著夢想前進吧！），意即不要用「到這個程度就好了」、「做到這裡就夠了」來自我侷限，而是要懂得制定超出自己想像的遠大目標，然後朝著那個目的地毫無顧忌地向前奔去，這也是當天齊聚一堂的嘉賓們共同的願望。即使沒辦法達成目標，那樣努力的過程也別具意義。如果一開始只想做到百分之六十，那麼達成一半的時候也只有百分之三十；但如果原本就把目標訂為百分之兩百，那麼就算只達到一半也有百分之百。希望大家不要忘記這一點。

從既定的框架中跳出來

一直以來不停對兩性平等議題發聲的演員艾瑪・華森（Emma Watson），二〇一一年在記者會上說的話令人印象深刻，我到現在都還記得：

「我認為，女人有時候會害怕自己變得有權勢、強大和勇敢。害怕並不是錯。並不是要你別害怕，重要的是能克服恐懼。若想做到這一點，有時只需要相信自己，然後繼續前進。」（I think women are scared of feeling powerful and strong and brave sometimes. There's nothing wrong with being afraid. It's not the absence of fear, it's overcoming it and sometimes you just have to blast through and have faith.）

這段話非常精彩。因為我看過很多那樣的女性，所以對這段話更有共鳴。女性在某個組織裡爬上高位、擁有權力的話，反而會變得畏畏縮縮，很多時候我看到這樣的情況都會覺得訝異。男性如果登上同樣的位置，會變得更加理直氣壯，但不曉得為什麼，女性們會更加在意別人怎麼看待自己，有時態度還會轉為消極。每個人都有不得已的原因，也許是打破玻璃天花板的過程太過艱難和痛苦，以致於想要守住那道界線；而為了守住那道界線，首先必須要慎重地讓自己不過於出色。或許，在我們的心中其實也存在著看不見的玻璃天花板吧？

社會上對女性領導者所設定的框架，似乎也是造成這種情形的原因。女性的領導才能，經常被用「服務型的領導力」、「媽媽型的領導力」等詞彙來表現；而在美國，也時常用「橫向管理、善於溝通、體貼關懷」等，來解釋女性領導才能的特點。類似這樣的評價雖然乍看之下沒有錯，但是又彷彿形成了「女性領導者就應該這樣做」的框架，無形中正對女性們造成壓迫。

就像不是所有男性都是權威型的一樣，女性也不一定都善於橫向溝通。撇除男女性別的差異，每個人的個性都不一樣，組織所期待的領導力特質也不同。如果公司需要的是權威式、強而有力的領導者，女性也有可能變成那樣的類型。因此，要成為什麼樣的領導者是個人選擇的問題，希望女性們不要被困在既定的框架之中。

就我的情況而言，好像從一開始就沒想過要成為什麼樣的領導人。在工作的過程裡，我仔細地觀察了自己所屬公司的領導者，有時候覺得「啊，那個人的領袖特質裡有這一面真好」，偶爾也會下定決心「以後如果是由我帶領團隊的話，一定不要像他那樣」，自然而然地逐漸形成現在的性格。

雖然有時隨著天生的個性和人格會產生差異，但我個人所追求的領導能力，是平常能夠重視溝通及關懷；若碰到在短時間內需要交出成果的狀況，則多少需要有些權威感，展現出強而有力的領袖模樣。播報新聞的工作大多時候都被時間追著跑，特別是在現場時，掌握情況和判斷的速度甚至可能對人命造成威脅，因此，強勁果斷的管控和指揮便非常關鍵。

現在年紀正處於二、三十歲的女性們，打破玻璃天花板固然重要，但希望你偶爾也能思考一下自己日後登上高位時，想要成為一名怎樣的領導者。若如願以償地爬到了自己想要的主管位置，內心有可能因為被害意識和補償心理而變得畏首畏尾；相反的，既然爬到了想要的位置，也可以就帶著更堅定的信念，在工作上積極地發揮自己的影響力。登上高位不是目的，重要的是爬上去之後自己想做些什麼，日後打算採取什麼樣的態度、成為追求何種價值的領導者。關於這些細節，要能描繪得愈具體愈好。

「女人一定做不到的」、「是女人就應該這麼做」、「女人那樣做的話會不會被用異樣眼光看待」，有類似上述的恐懼並不是壞事，嘗試從本質上去接納內心的恐懼吧。接著在此基礎上，去找到內心真正想要的是什麼，培養屬於自己的健康欲望。突破一切自我懷疑與恐懼的風暴，在自己的內心裡勇敢地培養熱情，直到回歸風平浪靜為止。這段自我陶冶的時間，終將成為精彩且美好的經驗。

雖然緩慢，但改變的腳步不會停止

在新聞報導中，有些消息我非常喜歡，還會露出滿意的微笑，其中之一就是「康京和外交部長」[2]的人事命令。此前，女性家庭部及法務部的長官雖然也是由女性擔任，但與期待相比，似乎並沒有取得什麼成果，令人不禁感到惋惜。當時大韓民國選出了史上第一位女性總統，我感到十分欣慰，但後來也很擔心會不會因為負面事件，反而從各方面阻礙了女性在社會上的發展。此外，在保守的韓國社會裡，哪一間企業選定了女性擔當管理階層，或是哪裡又誕生了女性CEO，這些焦點新聞會讓我的一天變得幸福。然而，我所衷心期盼的世界，是有一天這些消息不會再成為新聞——因為太過理所當然，讓那些新聞已然失去報導價值。

世界還是以男性為中心。根據全球諮詢企業普華永道（PricewaterhouseCoopers，簡稱PwC）以經濟合作暨發展組織（Organization for Economic Cooperation and Development，簡稱OECD）三十三個國家為對象、二〇一七年為基準調查的《二〇一九年職場女性指數》顯示，韓國職場上的女性待遇是各國中的最後一名。

然而，有時候在談到性別歧視的問題時，某些人會過度地批判韓國的現況，但實際上性別歧視並不是只發生在某個國家，像美國在媒體、政治、金融界等幾乎大部分的領域，也都還存在著玻璃天花板。據美國皮尤研究中心（Pew Research Center）二〇一七年以四千九百一十四萬人為對象，調查後的結果顯

2 二〇二一年一月二十日，韓國總統文在寅提名青瓦臺國家安保室室長鄭義溶，接替康京和擔任外交部長。

示，在美國也有百分之四十二的職場女性，表示曾在工作場域遭受過性別歧視。而在她們感受到的性別歧視當中，最多的兩項分別是薪資較男性低，以及被當作沒有能力的人看待。

不僅是美國，在許多所謂的先進國裡，也存在著一定程度的性別歧視。因此，與其抱怨「為什麼只有我們這樣」、過度地感到憤怒，不如根據國家各自的社會氛圍及決策者的能力調整步伐，將其當作是彼此共同成長的過程。

此外，像是「美國這樣做，所以我們也要效仿」、「歐洲都那樣做，我們也應該跟進」，這類崇洋媚外的態度並不可取，每個地區都有其特殊性和多樣性，因此有必要在某種程度上配合國家的情感和文化。然而，跟上全球的標準和腳步、爭取在社會上達成協議的動力卻是不可或缺的。如果能勤快地跟上聯合國或OECD等國際組織標榜的兩性平等標準，並且為了讓女性也能享有公平的機會，努力達成社會必須具備的基本條件等等，我深信韓國將能迎向充滿希望的未來。

世界不會在一朝一夕間改變。美國於一九二〇年開放女性擁有參政權，至今不過剛滿百年；韓國於一九四八年制定憲法時明文規定男女平等，但女性直到一九五八年才有了參政權。在那段期間，我們取得了長足的進步，而現在，邁向改變的腳步也一定不曾停歇。

微笑著率先走近

這是我在總部設於新加坡的亞洲財經新聞（ABN）工作時發生的事。當時我在美國愛荷華州的一家媒體調查研究所受訓，是可以連續幾天接受新聞、報導等各領域講師一對一特別訓練的機會。在整個上午聆聽了各式各樣的講座後，進入了寫新聞播報台詞的課程，講師是典型的美國中部女性。在與她見面的第一眼，就覺得她看我的眼神非常冷漠。在像愛荷華州那樣的美國中部地區，特別是鄉村，依然存在著種族歧視。此外，在那裡接受訓練的人，幾乎都是美國主要電視台的記者或主播，如今卻有一個小小的亞洲女性坐在那裡，她的眼神很明顯地一半是好奇，一半帶著輕蔑。果不其然，她以「自己看著辦」的態度，只給我研究所印刷的教材後就走掉了。

我從新加坡轉了兩次飛機才抵達愛荷華州，覺得不應該受到這種待遇，於是便到她的辦公室找她，先嘗試展開對話：

「我因為時差的關係頭還有點昏昏沉沉，想要再多聊一會。」

這時，講師的臉上開始露出不耐煩，看到她的表情之後，我突然不曉得應該再說些什麼，一時間有點慌張，不知不覺就脫口說出這樣的話：

「您的頭髮顏色真的很漂亮，和我小時候玩的芭比娃娃一模一樣！」

俗話說「稱讚能使鯨魚也跳起舞來」，她的表情突然有了笑容，然後開始興奮地分享自己為什麼把頭髮染成金色，以及是用什麼方法染的。從來不曾染過頭髮、一直以來都保持黑髮的我，聽了好一陣子關於她染髮的英勇事蹟。接著，我抓準時機，趁對話緩下來的空檔微笑著問她：

「對了，可否請妳在旁邊陪我一起寫播報新聞時的台詞呢？」

「當然！」

我一句小小的稱讚融化了她冰冷的心，課程也順利且融洽地畫下句點。現在回頭想想，當時的奉承究竟是從哪裡來的呢？我又是如何能夠若無其事地說出那樣的話？仔細回想，一切都多虧了當時細心觀察過她的外貌，透過她的穿著、步伐、身體動作等等，我發現她是一個非常重視外貌的人。那名講師相當在意「別人是如何看待自己」的，我藉由觀察、準確地掌握這項情報，並且有效地利用它。當然，這些並不是出於事先計畫或刻意為之，而是在我不知不覺間自然而然流露出的反應、行動和話語。那是我在做為異鄉人生活的過程裡，逐漸領悟並上手的「生存訣竅」。

經驗和創傷，透過努力獲得的武器

因為爸爸工作的關係，我在小學時到美國生活了幾年。在一九七〇年代以白人為主的校園裡，有色人種的生活比想像的還要困難。除了語言隔閡之外，還有故意折磨我的白人孩子，尤其是同學的家長們盯著我看的陌生眼神，讓我覺得「好像是因為我很奇怪，他們才會那樣看我」。

為了生存，必須要有戰略。我再三地琢磨要怎樣才能不被孤立，怎麼做才能讓朋友們對我產生好感，接著再實際付諸行動。我不僅認真念書，還參加了游泳、器械體操[3]、合唱、音樂劇等各種課後活動，比起畏縮、怯懦，我愈是放開自己，朋友就愈是一名一名地增加。小小年紀的我領悟到要想生存下去，就必須學會做各種各樣的事情。

回到韓國後我考上大學，再次踏上美國留學之路時，又必須重新適應陌生的生活。即使歲月飛逝，我依然是少數民族，人們不知道韓國這個國家在哪裡，被無視或受到差別待遇也是家常便飯。當時我所選擇的方法，就是耐心地解釋再解釋，親切地告訴他們我來自哪裡、韓國是個什麼樣的國家，且最重要的是，我努力地想傳達這樣的訊息：「就算我的英文不好，但我在智力上和你沒有差別——不，反而比你還要更優秀。」我為了在說明時能夠有條不紊，反覆進行

3 利用啞鈴、球杆、棍棒、槓環等器械進行動作的體操。

非常多次的練習。幸好，就算遇見的人不同，但問的都是「韓國？那是哪裡？」這樣重複的問題，所以我只要準備一樣的答案就可以了。

如果是有修養的人，在我介紹自己的時候，通常會接受並給予關心；相反的，也有不管我說什麼都漠不關心的人。這樣的人也能夠讓他和我站在同一邊嗎？就我的經驗來說是有可能的，而方法就是刺激那股每個人都有的、想獲得肯定的欲望。分析那個人，然後給予他渴望的稱讚，就像我對那位金髮女講師所做的一樣。

在陌生的環境裡為了自然地融入人群，必須要能很快地察言觀色，也要能看懂氣氛。此外，還要迅速地觀察對方，並且掌握對方的情況。不要因為對方以不合理的方式待我，就一味地選擇逃避或是埋怨，應該抱持著關心且進一步分析。唯有如此，才能判斷對方是可以接近的人，或者是需要警戒的對象，也才能制定戰略，讓對方變成和我站在同一陣線。所謂「知己知彼，百戰百勝」，這句話不管走到哪裡都適用。

至今為止，我親身地體驗並感受到世界上真的有各式各樣的人，而這一路上我所領略到的一點是，在我認為自己沒有錯的時候，無條件地頂撞對方並不是一個好方法。在不傷害人際關係的前提下，其實也是可以解決問題的。就算偶爾碰到一些需要奉承的狀況，與其將之視為卑躬屈膝，不如把它當作一種戰略或手段。自尊心非常強的我，很早就領悟到了社會生活的首要法則：不懂就要學習，拋開沒有意義的自尊心並具備挑戰精神是非常重要的。

當然，事情並不會像說的那麼簡單。我也是因為要在不同的國家及文化之間生活，經過長期的自我訓練才慢慢領悟到這些。遇到偏見與誤會，我也曾經覺得委屈而一個人生悶氣，又想著無論如何都要解決問題，幾天幾夜不停地苦思良策。內心很想直接頂撞對方，但大腦又覺得忍過去才是明智的選擇，很多時候便因此在內心深處埋下了創傷。然而，現在回想起來，那段轟轟烈烈的經歷，使我變得更加堅強，而親身碰撞後所習得的經驗，現在也全成為了我最有力的武器。

活用女性特質

二〇一四年十二月二十九日，亞洲航空班機從印尼泗水（Surabaya）飛往新加坡途中在爪哇海墜毀。聽到一百六十二名乘客全部罹難的消息後，我急忙趕往印尼泗水，那裡是連空調都沒有的落後機場，現場一片混亂。因為記者團無法進入機場內，所以我們必須要在車內進行四天的「持久戰」。全世界都高度關注這則消息，原本這部分應該由亞洲航空主動提供資訊，但因為時間延遲，所以記者只能二十四小時於停車場待命。

在鬱悶的情況下，我得知了亞洲航空的 CEO 東尼．費南德斯（Tony

Fernandes）將從馬來西亞飛到印尼泗水的消息。情報表示，身為馬來西亞人的他，因為曾經在英國留學，英語正好相當流利，所以無論如何都必須攔到他進行採訪。在他抵達之前，為了向他發出採訪邀請，我們幾乎動員了所有的手段和方法，不僅打電話聯繫四面八方的人脈，連朋友的朋友都派上場，但始終沒有找到任何一個人可以與他牽上線。

正當我們急得跳腳時，他卻突然在現場出現了。東尼．費南德斯和政府的相關人員一起走向記者的方向，因為沒有設置採訪區，一瞬間數十名記者將他團團包圍，而我也只能和其他記者一起奮力湧上前去。

在激烈的採訪競爭裡沒有男女之分，大家都只為了獨家新聞而奔跑。在超過三十度的高溫與滾燙的柏油路上，我死命地狂奔，但還是太慢而沒能搶到前排的位置。大約五十～六十名左右的記者中，大部分都是男性，雖然對東尼．費南德斯提出了問題，但他只是不斷地搖手婉拒。個子嬌小的我站在後面拚命地揮手，而這時，他突然指向我讓我發問。一般都會把機會給站在前排的記者們，但他卻指定了在人群另一頭的我。

「是因為機體缺陷或是操縱不熟練造成的事故嗎？」

我大聲地叫喊，而他也回覆了我的提問。不久之後，他和一行人就像逃跑似地準備離開現場，我直到最後一刻都跟在他身旁進行問答。等到他走遠之後，其他記者全都湧向我，反而開始對我進行採訪，我對當時的場面印象非常深刻。

至今我仍然不曉得為什麼他指定我發問，也不知道為什麼他只回答我的問題，或許是在一群男性中間，只有我一個是女性所以特別顯眼，也可能是他覺得我看起來很可憐……

不管原因是什麼，像這樣在海外各國採訪時，經常會因為我是女性而意外地特別順利。因為不僅僅是在西方，就算是所謂的開發中國家，「女士優先」的觀念也根深蒂固。當然，也有可能因為我是外電記者，所以比較少受到怠慢。我從過去的經驗中領悟到，在某個國家有大事發生時，當地人對待從國外來的採訪記者大約抱持著兩種情感。首先，大家會認為「要小心那個人」，然後覺得自己「一定要好好告訴對方事件的始末」。另外，還有一點相當明確，無論到哪一個國家，同樣是面對外國人，他們對女性比對男性更加友善。

女性的優點：共鳴和專注

在共感能力方面，女性天生就比男性更具有優勢。實際上，根據科學研究結果顯示，當男性賀爾蒙睪酮的數值升高，在變得好戰和自我中心的同時，共感能力也會顯著地下降。所謂的「共感能力」，指的是能夠推論他人感情的能力。而為了進行推論，「專注」是不可或缺的要素，意即針對某一個體投以高度關心。特別是做為記者，在取材或專訪某人時，必須專注於對方這個人的存在感及個體性上，如此一來才能稍微多訪出一點內容。

雖然受訪者會對採訪者有所警戒，但與此同時，他們也希望將自己的故事傳達給更多人知曉，因此，在他們接受採訪的過程中，若對其投以超乎常人的專注，那麼在彼此頻率相吻合的瞬間，就會有奇蹟般的事情發生。擅長描摹事件的記者，正是懂得利用這樣出色的共感能力，經常引導出奇蹟的瞬間。然而，至今為止我所經歷和觀察到的，特別是我所隸屬的 ABC 新聞，擅長描摹事件、能夠熟練地引導採訪進行並獲得認可的前後輩們，大多都以女性媒體人為主。

如果遇到想進一步關心的人，我也會充分利用並享受自己的共感能力和專注力。在二〇一八年泰國睡美人洞事件發生時，曾經歷了一件小插曲。當時，在地居民對西方人顯得有些排斥，相反的，對同樣身為亞洲人且又是女性記者的我，反而有種較輕鬆自在的感覺。受困少年的家屬們那時為了等待救援進行，全部聚集到一處房屋內，而從全球各地趕來採訪的記者們，被禁止接近這些心急如焚的家屬。不過，由於這是國際間高度關注的事件，而且記者實際可以取得的也只有「焦急等待，家屬陷入悲傷」這樣的側寫素材，因此蜂湧而至的記者們似乎難以接受禁止採訪的要求。雖然不想妨礙家屬們安靜地進行祈禱，但我們團隊還是不得不從媒體的立場，觀察家屬們的情況和反應。

就在大家顧著察言觀色之際，晚上我悄悄地到房子前面查探，一位泰國中年男子正站在那裡守衛。我試探性地過去問他能不能讓我們入內，果然和預期的一樣，立刻就被回絕了。但是我不想放棄。在為了達成目的而必須說服某人的情況下，比起把注意力放在所欲完成的目標，我會先專注在那個人的身上並表現出關心，也與他進行思辨性的交談。該說是做為記者生活久了所習得的訣竅嗎？如果有人對自己被交付的任務和職責，或是自己所擁有的權力顯露出興趣，無論是誰都理所當然地會升起警戒。而若以思辨性的對話做為開場，反而容易打開對方的心房。

他說他是一名警察，而且已經累積了三十年資歷。「您已經是元老等級了。我也是大老遠地來外地受苦，但像您這樣連續站崗好幾個小時，大半夜的體力上應該更累吧？正在等待救援的孩子們一定也會很感謝您的。」我一邊搭話，一邊表示這個地區的人們似乎非常「friendly and peaceful」，也就是很親切、和睦的意思。

消除對話障礙最有效的方法之一，就是理解對方所處的環境與付出的辛勞，並且給予共鳴。有三十年資歷的警察，不管遇到多麼危急的狀況，應該都不會被派來徹夜站崗，我猜想他是真的擔心村裡的孩子們能否生還，所以自願站出來負責這項工作。「共鳴」能夠跨越人與人之間國籍和文化的差異，擁有驚人的力量。不曉得是不是我的某一句話觸動了他的心，原本那副兇神惡煞般的表情，漸漸如雪融般消散，然後在不知不覺間，開始看到他露出潔白的牙齒展露笑顏。

聊著聊著，或許是因為語言隔閡讓他倍感鬱悶，他說自己的女兒其實也是警察，但是英語比自己流利，目前也和家人們在這裡當義工。他自豪地告訴我：

「現在他們應該在基地營，為搜救人員和志工們準備一週的食物。」我擔心錯過機會，於是便向他提議：「如果能夠採訪到您女兒就好了。」雖然他說女兒一定會婉拒受訪，不過還是願意為我牽線試試看。

就這樣，我和他的女兒見面並打了招呼，正當我接收到她對記者充滿防備的眼神，打算進一步說服她時，突然察覺到她的視線總是看向我拿在手裡的補妝用粉餅盒。於是，我馬上轉移了話題，開始聊起各式各樣的韓式彩妝品，既緩解了原本冷冰冰的緊張氣氛，也利用她關心的事物引發共鳴。最終，那天晚上她用流利的英文接受了 ABC 新聞的採訪，甚至隔天她的父親還偷偷跑來找我，透露那些為了閃避記者的家屬們轉往哪個地點，然後就急急忙忙地消失了。多虧有他的幫忙，讓我們團隊得以獨家捕捉到家屬的畫面，還簡單地聊上幾句。而那些受困的少年們和教練，也很幸運地在十七天後全數獲救。

採訪過程裡最艱難的部分，大概就是要提起籠罩在悲傷與衝擊下的受害者故事。在見到被害者家屬時，首先要做的就是設身處地為對方著想，面對傷心難過之人，不能草率地把麥克風湊上去。如果對方正在哭泣，應該輕撫他的背讓他的情緒穩定下來，然後再說明為什麼需要進行這樣的採訪。

根據我的經驗，被害者家屬大多處於衝擊與不安之中，而隨著時間一長，會逐漸陷入憤怒的情緒裡，因此做為採訪者必須留意的，就是要能夠正確掌握對方情感轉變的時機點，並配合受訪者的情感狀態進行提問。以這樣的層面來看，共感能力相對較出色的女性，確實比男性更具有優勢。我經常可以感覺到女性在面對女性時會較為安心，相反的，男性比起和同性接觸，在女性接近時會較為放鬆警惕。

了解這種優缺點的組織，在女性特質派得上用場的地方，會刻意指定女記者前往。雖然有人認為這樣是性別歧視，但我個人並不認同。男性記者們按照男性擅長的部分，投入到需要挑戰體能的現場，而女性記者們則到需要與他人交心的地方取材，我認為這樣的安排是合適的。當然，並不是要將兩者以黑白來劃分，且一定得那麼做不可，只是實際上的情況大致如此而已。

女性和男性有著明顯的不同，比起把男女差異所導致的事情視為犧牲或損失，抱持著「為公司竭盡全力」的心態才更為重要。此外，女性特質不該是一種包袱或枷鎖，只要懂得善加活用，也能夠讓自己在工作上如虎添翼。

工作上的撒嬌不是美德

我在這本書裡所提到的女性特質，不管在哪個部分指的都是積極正向、高雅端莊等範疇內的女性氣質，並非搔首弄姿或賣弄性感之意。不過，偶爾會有女性職員在工作場合裡，利用與男性上司的不當關係來達到升遷目的。當然，有時候這些只是沒有根據的謠言，但也有些是真的與事實相符，我就曾經見過競爭的女同事以這樣的方式先行升職。然而，我認為不需要因為這件事批評她，因為做了錯誤的事情，就得付出相應的代價。如果低劣地利用女性與生俱來的特質，一開始雖然看起來取得了成功，但不正當的手段總有一天會東窗事發，因為只要是正常且健全的組織，能力不足的人以偏頗的方法登上高位，就一定會破綻百出。

此外，若為了爬上那個位置，而必須與上司存有不正當的關係，那麼，沒有那樣做的我反而覺得自己是勝者，甚至產生了優越感。我認為，與其透過不當的方法晉升或擔任自己想要的職務，不如一邊鞏固自身實力，一邊等待好的機會。平心而論，決定誰能夠晉升這件事，是權力擁有者的判斷與特權，並非我能夠左右，因此，如果為了那樣的事情陷入憂鬱，只是白白地浪費時間和感情。我想很多人對此都有相同的感受。

最終，能夠在工作崗位上走得長遠的人，在於擁有堅強的心智和真正的實力。無論何時，在成為一位「有魅力的女性」之前，我想先成為一位「有魅力的人」，為此我不停地努力。如今，不管前方遇見什麼樣的難關，我都相信自己已具備了默默推進工作的內在能量。

比起撒嬌裝可愛，在工作場合應講求端正莊重

我在韓國工作的時候，發現了一項韓國女性獨有的特徵。尤其當我站在管理者的立場上，觀察職員們待人接物的態度時，對「撒嬌」一事便頗有感觸。所謂的「撒嬌」可說是在東方特有的概念，如果要轉譯為英語的話，似乎沒有足以相對應的詞彙。若是查詢字典，可以發現撒嬌被用「charms, winsomeness, attractiveness」等單字來定義，但我在與西方同事們一起工作時感覺到的，是他們絕對不會用這樣的詞彙來形容撒嬌的女生。嚴格說起來，他們如果遇到韓國式撒嬌，反而會覺得不知所措，甚至用「奇怪（strange）、感覺很孩子氣（intensely childish）、滑稽（funny）」這樣的語彙來形容。

在收看韓國的電視頻道時，經常會看到節目要求年輕藝人（不分男女）表演「撒嬌」，在韓國的文化裡，似乎認為「愛撒嬌的人＝有魅力的人」。我並不是說這樣的認知不好，因為當中帶有文化的特殊性，在面對父母或戀人等私人關係時，懂得撒嬌也總是特別惹人憐愛。然而，在職場上就是完全不同的情況了。我偶爾會目擊女性職員和男主管或同事交談時，參雜著嬌嗔的語氣或肢體

動作，像是扭動身體或故意用娃娃音說話等，也會看到一些她們絕對不會在同性面前展現的樣貌。當然，她們並不是有什麼特別的意圖，只是平常在異性面前，這樣的言談舉止已經養成了習慣，所以不知不覺就表現出來。在觀察社會經驗較少的實習員工時，會發現這種撒嬌的情況特別多。

在家裡和學校對好朋友、父母或是戀人撒嬌的行為，原封不動地帶到職場上是相當危險的，尤其對職場上司，最需要留意的行為就是「撒嬌」。包括我在內，上司在觀察職員時通常有兩個面向：一是「事情是否做得好」的工作層面，另一項則為「是否善於溝通協調」的人際關係層面。因此，如果是用撒嬌的態度接近主管，那麼上司可能是對「懂得撒嬌的我」產生好感，而非讚賞「工作能力佳的我」。若讓自己的形象侷限在「懂得撒嬌的職員」，那麼日後不管工作做得再好，也會漸漸地愈來愈難展現出自己的優點，相反的，若有一天撒嬌的行為不再吸引人，上司也會因此感到失望或遺憾。最終，「看不見未來」的撒嬌行為，在職場上不過是自掘墳墓罷了。此外，像記者這樣的職業，在受訪者面前或是正式場合上，如果露出撒嬌的態度，會顯得更加尷尬，因為不僅看起來不夠專業，一不小心還會讓人覺得可笑。因此，每當我看到會撒嬌的職員時，就會提醒他們要練習改掉習慣：「不要一直扭動身體，要端正莊重地站好向對方打招呼和握手……不要扭來扭去。」

前往工作場合時，就把撒嬌的行為留在家裡吧。雖然看起來好像沒什麼大不了，但如果是經歷過社會生活的人，一定會切實地感受到態度和第一印象有多重要。讓我們定期地檢視一下，自己是否在不知不覺中也有撒嬌的行為，必須要先有自覺才能進行修正。自我覺察並不是件容易的事，若能藉由觀察周邊的人來自我反省會更好。周圍的人在對待男性與女性時有什麼不同呢？仔細觀察那微妙的差異，將之當作借鏡吧。

有時候，我無心的動作或話語，可能會讓身為男性的對方誤會是另有所圖。如果對方誤解了，那麼反過來思考，其實我也有責任。我在國外生活時，曾經因為韓國人習慣肢體碰觸的文化而讓對方覺得不舒服，對此，我重新認識到文化上的差異，也苦惱很久應該把適當的界線定在哪裡。「都是對方自己誤會了，責任不在我身上」，與其用這種漫不經心的態度草草帶過，不如思考一下不會被誤解的「界線」在哪裡，並且加以留意。

由自己開創另一個選項

「掙脫束衣運動」（escape the corset）曾一度掀起了話題，而這項運動的意義，在於提倡擺脫減肥、化妝等只強加在女性身上的外貌束縛。雖然我贊同這種女權運動的本質，但那種對所有「整體主義」的事物都懷著抗拒心態，因而流於激進、極端的行為，我卻是相當反對。在「掙脫束衣運動」裡有一點需要特別留意：所謂的「束衣」，指的是並非出於自身喜好，而是在「社會氛圍的壓迫下所以不得不遵從」的處境。由於不是所有的女性都是為了討好他人才梳妝打扮，一定也有本來就喜歡裝扮自己的人，因此不能強迫她們也要加入「掙脫束衣」的行列。

舉例來說，有人對彩妝抱持著高度關心、享受化妝的過程，就一定也會有人覺得化妝很麻煩，而我就是屬於後者。在播音員之間有位相當受歡迎的彩妝師權善英（音譯），若借用她的話來說明，就是我屬於「手拙」的類型，既沒有什麼化妝天分，平時也覺得化妝很浪費時間，所以幾乎都保持素顏。為了拍攝節目而必須坐著接受妝髮設計的那短短一、兩小時，我也總是覺得無比地漫長、鬱悶和無聊。當然，這些只是我個人的取向，並非出於什麼了不起的動機、覺悟或意圖。

我認為，包括「掙脫束衣運動」在內的女權運動，其意義在於告訴女性「我們也可以做這樣的選擇」。那些曾經以為不化妝出門就是沒禮貌、沒穿內衣就很丟臉的女性們，多獲得了一個「如果我不想做的話也可以不用做」的選項，堪稱是女權運動達成的壯舉。

而這與「後女性主義」（Post-feminism）也是一脈相承。如果說傳統的女性主義，主張女性也應和男性一樣享有平等的權利，那麼後女性主義則是更為強調個人的選擇。無論是將工作看得比家庭重要，或是成為全職家庭主婦，抑或是奉行不婚主義，一切都取決於女性個人的抉擇。此外，若說傳統的女性主義試圖從社會脈絡上解決女性歧視的話，後女性主義則是深信為了改善發生在社會各領域的性別歧視，女性們應該根據各自的價值觀來行動和努力。從這樣的觀點來看，不管是要不要穿內衣，或是要不要化妝，全都被認為是個人的自由和選擇。因為即使同樣身為女性，每個人的喜好也各不相同，且隨著時間流逝，個人的喜好也會根據當時的觀點和想法產生變化。

如同我的選擇一般，對於他人的選擇給予尊重

然而，遵守T. P. O（time, place, occasion）三項原則，是身為現代人相當基本且重要的禮儀。根據時間、地點和場合來選擇穿著，被認為是文明人的特權及象徵。舉例來說，參加派對時如果有設定穿衣風格，那麼盡心地配合著裝要求就是對主辦者的禮貌，相同的，參加頒獎典禮時盛裝出席也是一種禮儀。

在工作場所時也一樣，選擇與職業相符、適合的衣著是不該被忽略的常識，

如果因為酷暑難耐就穿著短褲和拖鞋上班，對一起工作的同事們相當失禮。倘若只是隨著個人信念，憑藉參與「掙脫束衣運動」這樣的美名，需要站在鏡頭前播報的電視台記者就省略端莊的髮型和基本妝容，或是得獎的演員穿著運動服就前往參加頒獎典禮，這些情況都讓人難以認同。

但即便如此，我認為只有尊重他人選擇的生活方式，才得以建立健康的社會。就算在心裡感到不以為然，也要懂得理解對方是「為了響應掙脫束衣運動，所以穿那樣的服裝出席」，如此一來才是正確的態度。如果我也一味地批評、甚至詆毀對方，那麼這種不成熟的表現，就只會將自己擁有的其他選項全數封死。若不會對自己造成直接的傷害，在某種程度上保持開放態度才是明智之舉。假如在我所主辦的派對上，賓客沒有遵守服裝規定的話，內心當然會覺得不高興。但是，任誰都沒有指責他人的權利，只要在心中悄悄將那個人列入黑名單中，下次舉辦派對時別再邀請他即可。

在這裡有一項必須謹記的重點：我們應該要具有成熟的態度和意識，不以「雙重標準」來看待自己和他人的選擇與決定，換句話說，就是不應該「只許州官放火，不許百姓點燈」。我們必須要懂得反思自己，是不是斷定了只有自己的選擇才符合潮流，而對方的選擇一定都是反社會的言行。

每個人都應該展現自己的意志和自由，並且在一起生活的世界裡和平共處。然而，要在其中找到平衡不僅不是件容易的事，還經常會犯下錯誤並感到懊悔。因此，首先我們必須知道自己想要的是什麼；其次，即使我的選擇和行動招來了令人後悔的結果，也沒有必要感到灰心；最後，我們要懂得透過這樣的經驗，在下一次機會中做出更好的決定。相信無數次地經歷這樣的過程，我們會對逐漸邁向成熟的自己感到欣慰，更重要的是，培養出享受這個過程的方法，將會對我們的精神健康有很大的助益。

倘若我的選擇受到了社會的箝制，那麼尋找有共同目標的人聯合在一起，也是種聰明的選擇。近來多虧了網路及多樣的社群管道，我們得以輕易地和過去碰不到面、處於地球另一端的某個人連結上；只要願意投資時間和精力，一定能夠找到和自己擁有相同意識和喜好的盟友。我堅信，只要願意聆聽自己的想望、信念和社會的要求，並且努力地邁向和諧，即使腳步慢了一點，長期下來我們的社會也必定走往更好的方向。

職場媽媽真正的需要

女性們為了擁有更遠大的夢想、走向更高的地方，個人的努力或態度固然重要，但社會制度也應該要能成為女性們有力的後盾。每當我聽到用「工斷女」這樣的詞彙，指稱因為生產或育兒不得已中斷職場工作的女性時，就會覺得相當惋惜。

根據韓國統計廳「二〇一九年工作及家庭平衡指標」報告書指出，在職中的已婚女性裡，有百分之十九點二曾經面臨過職場經歷中斷，而其中最大的理由為育兒（百分之三十八點二），其次是結婚（百分之三十點七）及懷孕分娩（百分之二十二點六）。在中斷經歷的女性中，以三十多歲的人最多，其次是四十多歲的女性。此外，關於低出生率的問題，其中最具代表性的原因為育兒及教育費負擔沉重，以及做為女性，會因為懷孕和生產導致經歷中斷。事實上，韓國婚姻介紹所「DUO」，以全國二十五歲～三十九歲的未婚男女一千名為對象進行的「二〇一九年生育認知報告書」顯示，在低生育率的原因當中，工作和家庭難以兼顧（百分之三十二點五）、育兒帶來的經濟負擔（百分之二十五點八）兩者，佔了最大比例。

觀察身邊的後輩或朋友們，有很多女性都在正應該累積工作經驗的三十到四十歲之間，因為育兒問題而苦惱不已。即使打算雇請保母照顧孩子，也因為費用佔了將近薪水的百分之七十五，負擔起來並不輕鬆，與其如此，還不如媽媽放棄工作待在孩子身邊，女性們會有這樣的判斷與選擇並非毫無道理。雖然父母親也會適時伸出援手，但實際上很難要求已經將子女養大、準備迎接退休生活的雙親再次犧牲。此外，若孩子突然生病，就得在同事們不友善的目光下早退，甚至有時候無法順利請假，在公司急得跳腳。

大部分高學歷且正值工作年齡的女性，如果因為家庭及育兒的關係無法工作，對社會來說是巨大的浪費，也是國家競爭力的損失。政府雖然表示會擴大育兒津貼制度或育嬰補助，並提出「共同育兒」之類的對策，但這些是否真能成為解決問題的根本之道呢？很明顯地，這些政策一定會有現實上的侷限，而且也不足以消除女性在育兒方面的不安。真的沒有其他方法了嗎？有能力的女性想要累積經驗、實現自我，就一定得放棄結婚和生育嗎？

現實性的對策：引進外籍家務移工雇傭制度

我在香港和新加坡工作時，印象最深的就是當地的外籍家務移工。從菲律賓、印尼等國來的移工們會入住在雇主家，以一個月四十萬～六十萬韓圜左右（約台幣一萬～一萬五千元）的薪資，協助雇主完成家務並照顧孩子。

香港和新加坡為什麼如此積極地採用外籍家務移工呢？因為只有減少家務和育兒費用的負擔，女性人才方能在職場上更加活躍，進而維持經濟的繁榮。新加坡為了減少育兒費用，外籍移工的薪資也根據其出身國家各不相同。例如出身菲律賓的外籍移工，就按照當地的所得水準來制定薪資。而在香港，外籍家務移工不適用國內最低工資的限制，政府針對外籍移工另外制定了相關標準。

除此之外，台灣也允許雇用外籍家務移工，而日本則是從二〇一五年開始，開放東京、大阪等國家戰略特區聘請外籍家務移工。因為雙薪家庭的增加和人口高齡化，隨著獨居人口數增多，讓各國開始意識到外籍家務移工的必要性。

我在新加坡工作時也曾雇用外籍家務移工，由於事前已針對工作範圍明確地訂立了契約，所以同樣身為職場人的我們能夠彼此尊重、一起生活。他們為了家庭生計遠赴海外賺取外幣，具有相當透徹的職業意識，對此我也感到非常滿意。

在韓國，月薪兩百萬（約台幣五萬元）的女性，可能因為難以負擔與薪水相當的育兒費，選擇放棄自己的工作；然而，如果可以每個月用五十萬（約台幣一萬兩千五百元）左右聘請外籍家務移工的話，不僅可以繼續累積工作經驗，那段時間還有機會爭取加薪。無論再如何增加托育設施，都和有人在家裡一起生活、幫忙照顧孩子有著天壤之別。因此，我認為像香港和新加坡一樣引進外籍家務移工，是對職場媽媽們來說更實際、也更有效率的方案。

然而，目前在韓國可以擔任家務移工一職的外國人，只限海外僑胞或結婚移民者等具有相當於本國人身分的人。記得從幾年前開始，就已經有人主張要將外籍家務移工制度合法化，以降低保母費用來減輕職場媽媽們的負擔。而政府也在二〇一六年將此做為企劃財政部經濟政策方面的提案，針對外籍家務移工的引進展開了討論，但最後因為低薪導致的非法滯留、保障國民工作權以及人權侵害等理由遭到反對，政策的研議就此中斷。

這個議題似乎仍然被淹沒在水面下，令人不禁感到惋惜。希望韓國社會的女性們可以認識到有這樣的方案，並且為此多加發表意見；擁有家庭的男性們亦然。雖然每件事都會同時存在著優缺點，但我們能夠衡量其中的輕重，一起思考如何將副作用最小化，衷心期盼社會各界日後可以針對此議題進行正式的討論。

Why not？沒有不可行的事

在我小的時候，因為身為女性而被限制的事情非常多：女性不可以大聲講話、不可以跑來跑去、坐下時腿不可以張開……在這些瑣碎的事情上，為什麼弟弟可以，但我就不行？很多時候我感到相當委屈。我從小就對「因為是女生所以不能做的所有事情」都抱有強烈的抗拒心理，加上小學時我有三年的時間在美國生活，經歷了與韓國截然不同的社會文化，因此很難理解讓韓國女性備受壓抑的環境。

在那個年代，社會上還普遍地認為「女子只要擁有適當學歷，嫁到好人家就算好命」，成為一位「優雅的大家閨秀」才是美德。做為專長的話，比起運動，鋼琴、小提琴、聲樂、美術等更受人們喜愛，而興趣則是「有女人味的」插花或料理最受歡迎——完全讓人憋得喘不過氣。

還記得年幼時期的我，像個野丫頭一樣地跑來跑去，不僅很調皮，還喜歡所有可以活動身體的動態事物。我熱愛游泳和器械體操，經常學麥可．傑克森（Michael Jackson）跳舞，還會唱著音樂劇《安妮》（*Annie*）裡的主題曲並模仿主角的演技。「這孩子以後是要做什麼，怎麼那麼騷包呢？完蛋了……」媽媽經常把這樣的話掛在嘴邊，而我也總是假裝沒聽見。不過，媽媽可能不知道，對於期待稱讚的年幼女兒來說，「騷包」這樣的形容詞，已經在我內心深處悄悄地鬱結。其實，當時的我並不曉得「騷包」是什麼意思，只知道那是存在我身上的特質，就像是必須對他人隱藏、羞於見人的部分一般，就這樣深埋在心裡一路長大。因此，在青春期時，「Why not？為什麼不行？」這樣的疑問不停地盤旋在我的腦海裡，不知道被什麼束縛、緊勒著的鬱悶日常，讓我感到了幻滅與沮喪，而這也是後來我為了尋找對未來的希望，下定決心出國留學的原因。

即使歲月流逝，在韓國仍然有相當多的女性，在不情願或自己也未察覺的狀況下，被那些老舊的價值觀束縛著。就算女性和男性的確存有差異，兩性所獲得的機會也理應平等。我想站出來呼籲，女性們應該要堂堂正正地抵抗那些連我們的機會都要剝奪的觀念、人以及社會氛圍。身為女性不應該做的事、因為是女性就必須要做的事，希望女性們可以不被這樣的價值觀綁住，而能夠真正地思考一下自己想要的是什麼。如果缺乏自信的話，那麼希望你能問問自己：「Why not？」仔細地斟酌究竟為什麼不行，然後抱持著開放的心去挑戰看看。

為了自己想望的生活，做出決斷

在父權制的社會和文化裡生活，很容易就會受父母牽引，活成父母想要的樣子。在不知不覺中，甚至會不曉得自己想要的究竟是什麼。然而，在比賽裡奔跑的選手是我，父母不過是教練罷了。如果教練不尊重選手的意見和狀態，一味地獨斷專行的話，那麼我就必須要有劃清界線、獨立站出來的勇氣。

看著周遭迎來更年期的幾位朋友，就會深刻地感覺到劃清界線有多麼重要。

按照父母的意願當個模範生好好上學、結婚後努力孝敬公婆、為丈夫和子女付出一切，原本以為自己過得很好，不料卻在迎來更年期時發現：「我好憂鬱，不知道自己為了什麼而活，也不知道我究竟是誰。」看著她們面臨本該在青春期經歷的自我認同危機，說實在的我不曉得要用什麼話來安慰她們才好。有時我會忍不住這麼想：如果早早就劃清父母和自己的關係，或是拋棄父母的期待，選擇自己想走的路，就不會在五十多歲時陷入徬徨。如今，若勸她要懂得傾聽自己的聲音，也擔心對方會不會因此而做出對家庭有害的選擇，所以必須格外地謹慎。

我也曾經有過必須要做出那種選擇的時刻，與父母的期待完全不同，我不顧他們的反對，按照自己的主張做出了重要決斷，然後憑著一股固執往前推進。雖然那段時期過得相當艱辛，但我為了在經濟和精神方面完全從父母身上獨立，從大學一年級開始就接家教打工，畢業後也馬上找到了工作。當然，在我站穩腳步之前，父母和祖父母的經濟援助給了我很大的幫助，但我很早就試著考驗自己可以獨立到什麼程度，在經歷幾道難關之後，就開始由自己判斷和決定一切事物。

所謂「選擇」，最具魅力之處不就在於是由「我」來決定嗎？而對於這個決定的所有責任、後悔或是幸福感，也全由我一個人概括承受。當然，在生活裡總會遇到煩惱，也會有不曉得自己的判斷是否正確，陷入混亂而需要他人給予建議的時候。不過，我即使碰到那樣的情況也沒有去找父母，因為面對子女，父母永遠無法站在客觀的立場上。父母總會無條件地站在我這邊，所以我認為他們較難以社會的角度做出明智的判斷。

此外，從子女的立場來看，無論向父母訴說什麼樣的煩惱，在內心深處其實抱著對父母的依賴：「就算我做錯了決定，父母也會成為盾牌替我擋下來吧！」一定會藏有這種「追求安逸的盤算」。因此，在必須做出重要決定的時刻，我反而會與顧問、前輩、上司，或是可能會因這個決定受影響的人進行商量，聽取他們的建議。

最後，更重要的是自己的決斷。意即不要只單純停留在畏首畏尾地「下定決心」，而是要能夠「決斷」，擁有將自己的決心付諸行動的覺悟。即使面臨艱難的抉擇，也要能迅速找到專家和有經驗者請教，在徹底地掌握各方面的優缺點之後，仔細分析我可以承擔到什麼程度。為了自己的幸福和未來，必須在心中注入勇氣，並且果敢地做出決斷。

不管是犧牲自己的人生、按照父母的意願而活、走往社會期待的方向，抑或是主張自己應該要走的路，人生在世總會碰到要做出重大決斷的情況。如果那樣的時刻來臨，在下決定時就必須懂得徹底為自己著想。舉例來說，我覺得自己好像要繼續升學才會感到幸福，但從父母的立場來看，很有可能會認為「女人只要嫁一個有能力的丈夫，結婚後生個漂亮的孩子，就是真正的幸福了」；我想要成為網路漫畫家，但父母可能會主張「成為醫生才能過上安穩的生活」。在決定人生方向時，要懂得徹底自私一回，選擇讓自己感到幸福的道路，將來一定會發現這樣的抉擇才是正確的。一旦下定決心，就要竭盡全力去拚搏，享受並體會在那過程中紛來沓至的幸福。

能夠讓我感到美好且滿足的生活，絕對不會是由誰來替我創造。

反覆的失敗也是成長的跳板

人生不是一片平地，而是一座上坡路與下坡路反覆出現的美麗山嶽。近來已邁入「百歲時代」，二十歲、三十歲都還非常年輕，正是輝煌燦爛的年紀。就我的立場來看，四十多歲也一樣年輕。因此只要有機會，不妨多尋找自己喜歡的事物來累積經驗值。不要擔心朋友、家人或是其他人會用什麼眼光看我，一旦有了想要嘗試的念頭，就先去試試看再說。在那裡，也許可以見證新的世界，也有可能發現連自己都不知道的全新自我。

我也曾在工作和個人的事情上，經歷過許多難以詳細列舉的失誤，甚至還會反覆地犯錯，就這樣一路走了過來。回想起來，有時候覺得當時的自己很丟臉，但反過來思考的話，偶爾也會覺得那時候的自己很可愛。「當時我為什麼會那麼做呢？」我想每個人都有這樣的「黑歷史」吧。

如果說，二十多歲時是在左衝右突裡尋找自我的階段，那麼從三十歲開始，就是大致掌握了自己要往哪個方向前進的時期。我要做為什麼樣的人生活下去、要如何維繫自己與家人，以及社會上的各種人際關係，都是在這個時期決定下來的。接著從四十歲開始，便是將自己一路以來奠定的基礎加以穩固。

在人生中，我們有可能會做出讓自己後悔的選擇，也正因為我們是「人」，所以無可避免地會犯錯。但重要的是，如果做出了令自己後悔的選擇，要懂得對此進行分析，好好地整理過後再進入下一階段。當時我為什麼做出那樣的決定、為什麼說出那樣的話或做出那樣的行動，經過仔細地分析，日後再遇上類似情況時，就要給自己時間深思該如何應對。如果在選項A、B、C中，因為選了A而感到懊悔，那麼下一次就要好好思考是不是要選B，或者選C的話會有什麼結果。我無數次反覆這樣的過程，努力不再讓自己後悔第二次。雖然已經發生的事情無法改變，盡快忘卻會比較輕鬆，但如果能在疼痛中好好分析犯錯的理由，整頓後重新出發，就能夠降低日後犯下相同錯誤的可能性。

偶爾會有即使犯下錯誤，也像什麼事都沒發生一樣喬裝自己的人，我認為那樣的做法，才是真正啃噬自己的行為。與其費盡心思假裝若無其事，不如徹底、明確地整理分析自己的錯誤，然後往下一個階段邁進。唯有如此，才能健康、確實地從失誤中擺脫。倘若自認為已經全部看開了，但內心的某個角落還留有不踏實的感覺，那就代表自己其實尚未整頓好。

每個人都在活出各自的人生，而自己的人生就只屬於自己，希望我們能不要忘記這一點。但願我們能挑戰一下自己所具備的各種可能性，然後在能夠發展出自我的舞台上，精彩地揮灑人生。

最近因為身為韓國人而得以享受的優點變得愈來愈多，尤其是「韓流」的力量相當強盛，無論在哪一個國家，K-POP、K-Beauty 等都很受歡迎，韓國的地位也隨之提高。甚至在我們公司裡有兩名於美國被領養的韓國人，雖然他們的國籍是美國，卻都自認為是韓國人。這足以說明韓國是個讓人驕傲的國家，是多麼令人感到欣慰的改變啊！

最近的年輕世代，可能會將韓國目前的地位視為理所當然，或不太感受得到韓流的力量。但對於像我這樣頻繁往來各國工作，曾經歷過被人歪著頭問韓國是個什麼樣的地方、需要無數次介紹自己國家的世代，每當切實地感受到韓國的地位與以前大不相同時，就會忍不住感慨萬千。但願現今的年輕世代，可以懂得善加利用這項特別的優勢。

成為自己的粉絲

職場因為是人們聚在一起工作的地方，所以無論是哪間公司都一定會有閒言碎語。雖然眼紅和嫉妒不分男女，但是當女性在組織裡特別突出時，就經常會有低級的謠言伴隨而來。因為共事的關係而與某人一起吃飯或喝酒，各種謠言便甚囂塵上，瞬間成為被嫉妒或撻伐的對象。如果碰到這樣的狀況，當然會讓人覺得委屈。但即便如此，也沒有辦法和每個人一一解釋、消除誤會，最終只能用自己的能力來證明所處位置的正當性。也就是說，與其因為那些傳聞而感到挫折或苦惱，不如將精力傾注於工作上，藉

以取得好的成績。就像是動畫《小甜甜》（キャンディ♥キャンディ）裡的女主角一樣，即便再孤單、難過，也要堅強地撐下去。

當然，如果在生活和工作上總是與人發生衝突，免不了會造成自己不想要的情感耗損。當某人對我懷有敵意，可以試著先去了解他討厭我的理由是什麼，自己如果有需要修正的地方就加以改進。但有的時候，對方的敵意不帶有任何理由，就只是單純的眼紅和嫉妒，然後刻意捏造謠言或設計圈套來折磨我。若是成為了被針對的目標，自然會感到十分疲憊，但採取與對方相同的方式、正面交鋒，亦絕非明智之舉。倘若想在社會上立足，就必須懂得消解那些閒言、猜忌和嫉妒。

如果對方越過了我所能容忍的底線，那麼就勢必要有足以徹底、果斷應對的縝密心思。而此時，最關鍵的是要能明確劃分自己的「底線」在哪裡。就我的情況來說，「性別歧視」、「種族歧視」和「謊言」就是底線。在社會上廣為人知的公眾人物，經常會因為酸民們的惡意攻擊或散播不實訊息而備受折磨，特別是感情豐富、深受大眾喜愛的年輕藝人們，由於飽受網路霸凌之苦，以致於做出極端的選擇，這樣的事件近幾年明顯地增多，不禁令人感到惋惜和憤怒。

我也在幾年前經歷過這樣荒唐的事件，以某個社群媒體和新聞留言為中心，莫名的惡意評論開始擴散，最終我對惡評者們提起了刑事訴訟。被起訴的人有些向我寄來了悔過書、有些直接與我見面，而處在他們之中擔任「指揮」、助長惡評蔓延的人則受到刑事審判，最後甚至被判了刑。以我的立場來看，那段時間我承受了非常大的精神壓力。

不曉得從哪裡來的這些人，捏造並散播和我有關的不實傳言，因為根本不清楚他們的真實身分，所以也感到更加痛苦。每一位惡意評論者的實際身分曝光時，我都會覺得鬆了一口氣，因為事實上藉由這漫長的調查過程，我發現他們都是內心生了病的人。這些人長期躲在鍵盤後面，像宣洩一樣吐出各種髒話和虛偽不實的傳言，而我在和他們見過面後才知道，原來這些人都是在精神方面承受著痛苦之人，我沒有必要因此消耗自己的精力，為此感到受傷也毫無意義。如今我在心裡已經原諒了他們，對於在查找這些惡評者的過程所投入的時間和費用，我絲毫不覺得後悔，因為他們已經越過了我所能容忍的「底線」。

愛上真實的自我

我認為，眼紅和嫉妒是羨慕之情朝著扭曲的方向發展所形成的。我也有欣羨他人的時候，看到別人擁有我所沒有的東西，或是比我更加優秀，內心就會升起羨慕的感覺，這不就是所謂的人之常情嗎？但問題的關鍵，在於我們是把羨慕的情感以眼紅和嫉妒的方式宣洩，還是能夠將之轉化為激勵自己向上成長的動力。

如果覺得他人的某些方面令人羨慕或尊敬，我就會嘗試去模仿或跟著做做看。我曾經因為某個人的語調非常有魅力，就自己一個人在家裡跟著學；也曾經因為羨慕某個朋友擅長做菜，就報名去料理廚房上課。雖然意外地發現自己也有做料理的天分，但我的個性還無法享受做菜的時光，因此只停留在例行活動的程度上而已。即便如此，我還是持續地在空檔時就去上料理課。

如果羨慕別人有某項優點，可以將之視為模範進行效法。但是別忘了，每個人都有最適合自己的位置，我也另有其他擅長的領域，以及只有我可以做到的事。若能找到那樣的事物，享受做那件事的時光，羨慕別人的情況也會愈來愈少。無止境地拿自己和他人比較，在生活中不斷地在意他人——我想，沒有什麼事情會比這種行為更加疲憊。

然而，即使要求自己不和他人比較，碰到金錢方面的事物卻並非那麼容易。只要不是神職人員，無論是誰都一定會羨慕比自己富有的人。如果覺得朋友的珠寶或名牌包看起來很不錯，可以如實地表現出「好羨慕、好漂亮啊」的情緒，並且給予稱讚，能夠一起為朋友感到開心的態度相當重要。不過，要懂得讓自己的心態止於「好漂亮、好厲害、真羨慕」這條線上，如果演變成「我的人生算什麼」、「我為什麼連那樣的東西都買不起」等互相較勁的狀態，這樣的想法就太過愚蠢。其實，那些都是對方的人生，而我只要在自己的能力範圍內，發揮最大的效率和長處，並且懂得從中享受即可。此外，在看到和自己相似或是比自己差的人時，也不要以「和他比起來我還比較好」的方式來自我安慰。因為優越感和嫉妒心最終都屬於不健康的情感，只會導致我的靈魂被吞噬殆盡而已。

曾經在某個地方看過這段話：

「不管有多麼地優秀或不可一世，從天上看的話，不都一樣是渺小的生物嗎？」

不要踩著比自己差的人往上爬，對於比自己出色的人也不要感到眼紅或嫉妒，應該鍾愛自己原原本本的模樣。天底下的東西都一樣，每個人都有屬於自己的價值。

在我的周遭偶爾也會有自尊心低落的朋友，經常會看見他們拿自己與他人比較，然後陷入自我折磨與憂鬱的漩渦中。對於那樣的朋友，我都會打從心底多稱讚他們的優點：「這件事你不是做得很好嗎」、「你這個地方很漂亮啊」。每個人都有值得被誇獎的地方，不管是多麼小的優點都好，試試看這樣稱讚自己如何？如果成為了某個人的粉絲，會連那個人的一點小細節都讚嘆不已。那麼，在成為他人的粉絲之前，先試著當自己的頭號粉絲吧！懂得愛自己的人，眼神和表情都會散發光采，至少在我看來是如此。

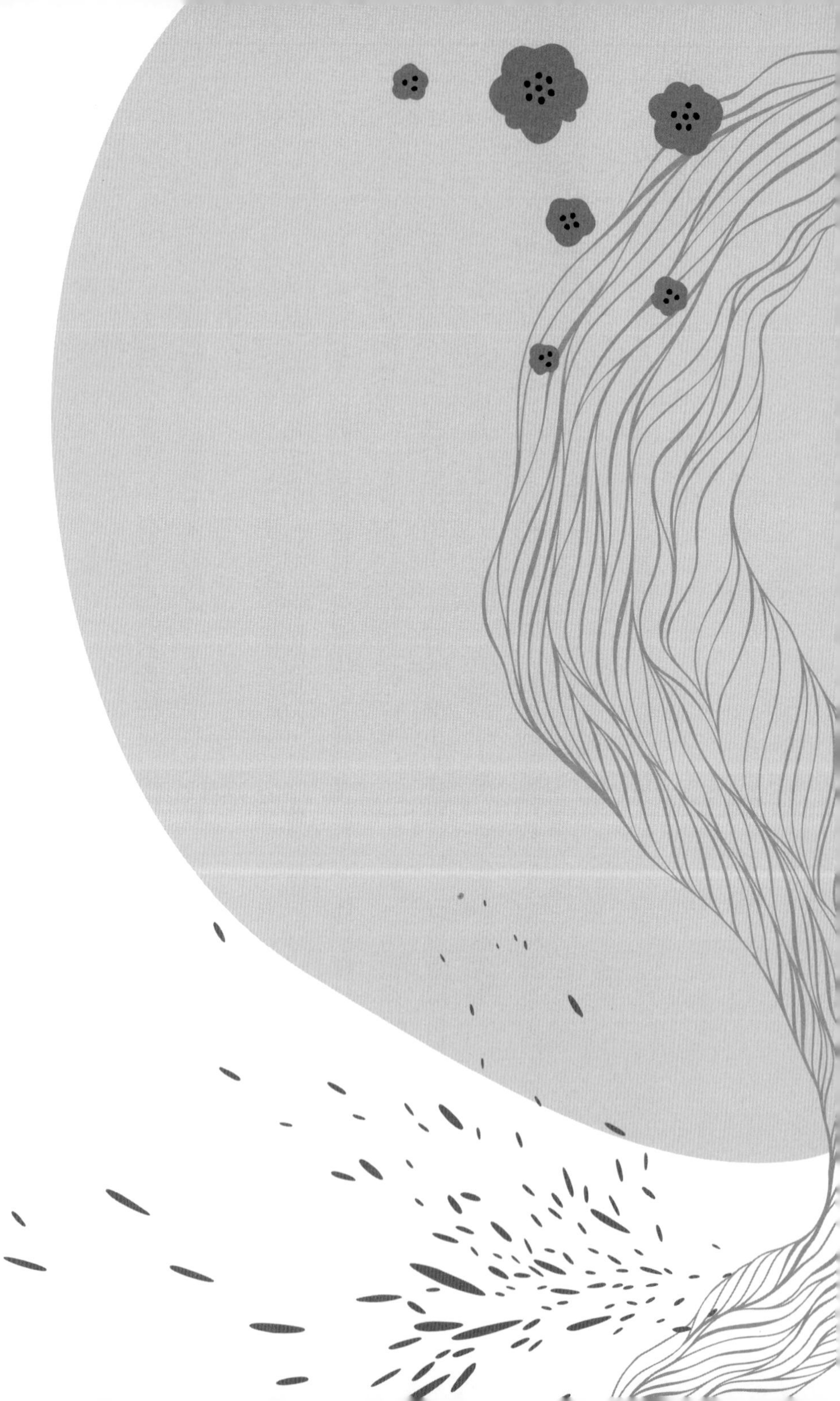

Chapter 3

與其競爭，
不如漂亮地聯手

所謂的「work mom」，指的是在職場上像母親般存在的人。年齡和經歷差異較大的同事之間，在職場上具有特殊的親密感時，就會使用「work mom」這樣的詞來表現。我從前輩們那裡獲得了許多幫助，希望有朝一日，我亦能成為後輩們眼中優秀的「work mom」。

如果可以成為某人的work mom

美國前國務卿、也是我的母校喬治城大學（Georgetown University）教授馬德琳．歐布萊特（Madeleine Albright），曾在二〇〇六年的一場演講上說過這樣的話：

「地獄裡有一個特別的地方，是給那些不願幫助其他女性的女人。」（There is a special place in hell for women who don't help other women.）

意即強調女性之間應該要互相幫助。事實上，從《哈佛商業評論》（*Harvard Business Review*；簡稱：HBR）雜誌刊登的研究論文來看，一～三名的女性彼此建立強而有力的協作關係，和沒有這種協作關係的女性們相比，佔據了多二．五倍權力與報酬的領導者位置。

雖然不知道其他地方如何，但至少在美國的媒體業界裡，女性們締結協作關係的文化似乎已然成形。在美國性別歧視相當嚴重、沒有幾位女性記者的時期，也有為此站出來開闢道路的先驅。

曾經是 ABC 新聞的傳奇記者、主播，也以政治評論家身分活動的寇基．羅伯茲（Cokie Roberts），對女性媒體人們來說是產業的革新者。她總是極力呼籲「希望能培養更多的女性記者」，理由是「世界上有一半都是女人，應該要有更多的女性媒體人站出來反映女性的觀點」。

寇基．羅伯茲在二〇〇二年被診斷出罹患乳癌後，依然積極地進行活動，直到二〇一九年九月在一片惋惜聲中離開了人世。在寇基．羅伯茲去世後，公司的同事們各自寫下對她的感念，我也是在那時候才得知 Juju Chang 前輩從初學者開始，就在寇基．羅伯茲的底下學習。因為經過那樣的前輩指導，所以 Juju Chang 前輩才會如此真誠地對待、引導我們這些後輩們吧。那時我再次領悟到：曾經在好的指導者底下學習，那麼成長茁壯後將會成為更好的指導者。

在悼念期間，包含 Juju Chang 前輩在內的許多同事們，全都異口同聲地表示寇基・羅伯茲是自己的「work mom」。所謂的「work mom」，指的是在職場上像母親般存在的人，年齡和經歷差異較大的同事之間，在職場上具有特殊的親密感時，經常會使用「work mom」這樣的詞來表現。

我也是一邊看著這些前輩們一邊學習，期待自己可以像他們一樣成為優秀的指導者，晉升為更棒的 work mom。不過，雖然我努力地想成為女性後輩們的 work mom，但實際上並不容易。除了我自己很忙碌之外，後輩們因為正好面臨養育孩子和組建家庭的時期，反倒比我更難有閒暇時間。我們沒有餘裕聚在一起建立親密感，對此我感到很抱歉，所以一旦有機會見面，就會努力在那段時間裡，將注意力完全集中在對方身上。

站在前輩們的肩膀上

不太了解我的人，經常覺得趙株烯給人的印象很冷漠。在工作場合裡，某種程度是那樣沒錯，因為在採訪現場我總是要努力保持冷靜，在緊張的狀態下不得不繃緊神經。不過，私底下認識我的家人、朋友或熟人，都公認我是一個「很多管閒事」的人。常常有心事或覺得難受的朋友會哭著來找我，而我也屬於很願意傾聽他人煩惱的類型。

雖然「多管閒事」經常被做為貶義詞使用，也帶有負面的部分，但我認為，如果它能體現積極、正向的一面，也能轉化為對他人的關心，建立人與人之間的親密感。在韓文裡，「多管閒事」一詞原本指的是衣服的前襟，如果衣服的前襟寬大，其他的衣物也會因此被遮蓋住，以這樣的比喻來婉轉形容喜歡插手他人事物的個性。但是，如果反過來思考，對衣衫襤褸的人來說，寬大的衣襟不反倒是一種溫暖和值得感恩的存在嗎？在以男性為中心的媒體界，每當回憶起引導我的女性前輩們，都想將她們比喻為在寒冬中替瑟瑟發抖的我帶來溫暖的「美麗衣襟」。

過去的二十五年裡，我持續以記者的身分工作，在這裡，我想介紹一下那些賦予我動力，也給了我依靠和安慰的指導者們。首先，是我的第一份全職工作，在我進入 ABN 時，擔任主播及新聞局長的麗妮特・利思戈（Lynette

Lithgow）。在名為千里達及托巴哥[4]的島國上出生的她，十多歲時便到英國留學，後來成為了 BBC 的當家主播。四十多歲時，她進入牛津大學（University of Oxford）法學院取得了博士學位後，到總公司位於新加坡的財經新聞專業有線頻道 ABN，開始了新的挑戰。

由於麗妮特．利思戈也負責訓練需要站在攝影機前的記者和主播，因此我從她身上獲益良多。然而，我向她學到的並不只有工作方面的事，她既是我的職場上司、前輩，同時也像是大姐般的存在，對我的價值觀帶來了很多影響。她提醒我家庭的重要性，並教會我即便是競爭對手，在人與人相處的層面上，也要有以愛相待的心和態度。

而在我轉職到 ABC 新聞之後，Juju Chang 就成為了指引我的領導者。韓裔僑胞 Juju Chang 是 ABC 新聞的當家主播，在競爭激烈的美國主流電視台當中，她可謂是最成功的亞洲人。Juju Chang 身兼三個兒子的母親、妻子和媒體人身分，既是我的驕傲，也是我最有力的「支柱」。

Juju Chang 的成功故事，不管在什麼時候聽到，都會讓人感動並獲得啟發。

一九六五年出生的她，在四歲時就和家人一起移民美國，當時許多人為了追求美國夢，掀起了一股移民潮。據說她小時候是跟著媽媽在飯店裡打掃長大的，後來看到亞裔播音員宗毓華成為CBS的第一位亞洲人主播，便開始夢想著能夠成為播音員。看著在電視上出現的宗毓華，Juju Chang的母親鼓勵她：「妳以後一定也能夠像宗毓華一樣。」

如同她的母親所言，Juju Chang現在擔任ABC新聞《夜線》（*Nightline*）的主持人，爬升到了誰也無法輕易撼動的位置。她的採訪技巧和溝通能力總是能帶給人感動，無法忍受不公不義的性格，以及以身為韓國人為傲的她，在各方面都讓我感到尊敬。且更重要的是，她還抱有引領女性們往前邁進的想法。雖然Juju前輩是養育著三個兒子的職場媽媽，但包括我在內，只要是女性後輩們提出邀約，她無論如何也會在百忙之中抽空傾聽我們的故事。她所主持的《夜

4 Trinidad and Tobago，位於中美洲加勒比海南部、緊鄰委內瑞拉外海的島國。

線》談話節目是另一個獨立部門，在我的印象中，該組織原本是以男性為中心，但不知從什麼時候開始，已漸漸改成由女性主導。我認為這些都是 Juju 前輩的力量，以及女性們緊緊地團結在一起所達到的成果。

Juju Chang 表示，自己之所以能夠打破受限的框架並取得成功，都是得益於「站在前輩們的肩膀上」（standing on the shoulders）。這句話是借用了牛頓的名言：「如果我能看得更遠，那是因為站在巨人的肩膀上。」科學家也好、媒體人也罷，任誰都不是靠一己之力就足以猛然挺立。多虧前輩們走在前方的努力及挑戰，一點一滴地累積成為了我們的墊腳石。而我，也期許自己能成為那樣的角色。

教學相長

我也想為跟著我前進的人留下美好的足跡，就像我的前輩們一樣，努力為他人、特別是年輕的女性們，積極地鋪展足以帶來溫暖的「衣襟」。

我在十多年前拍了一支廣告，當時雖然有很多廣告提案湧入，但我全部予以婉拒，後來我想著既然廣告提案都找上門了，不如把它活用在有益的事情上如何？於是，我挑了一個酬勞相對高的廣告，然後提出把它製作成獎學金活動的點子。

獎學金的補助對象，鎖定在「居住於忠北地區的國中二年級女學生」，當時聽說忠清北道地區的教育環境惡劣，而廣告主恰巧是忠清北道出身，也多了一層地緣關係。此外，之所以將補助對象定在國中二年級，是因為根據我的經驗，十五歲時正好是設定未來生活目標的重要階段。我認為若替國中二年級的孩子實現夢想，那麼在進入大學以前的四年時間便獲得了保障，而在那段期間裡，他們可以充分思考、決定自己未來的方向，並順利通過入學考試。

因為我們沒有辦法提供獎學金給所有國中二年級的孩子，所以只能從中再進行選拔。於是，我決定篩選家境困難、成績優秀、擅長英語，以及對未來滿懷熱情的孩子。我讓這些被學校推薦和在英語競賽中獲獎的學生們，寫一篇作文說明自己為什麼想要獲得獎學金。雖然這些中學二年級的孩子們寫的文章還很生澀，但我一篇一篇地全部讀完，然後選定了打動人心且對未來表現出渴望的學生們。

就這樣，我們從中選出了十四名孩子，在教育廳的帶領之下，訪問了美國東部的常春藤盟校（Ivy League）。我動員自己的人脈，規劃讓孩子們可以和當地留學生見面交流的活動，最終目標是希望這些充滿夢想的少女們，可以一邊參觀美國的名門大學，一邊燃起嶄新的目標與遠大的夢想。

決定送孩子們去美國之後，我一直有個小小的擔憂。當時正值冬天，但孩子們的衣著相當單薄，我擔心她們抵達美國後，會不會在當地冷冽的空氣中瑟瑟發抖，或者反而挫了她們的志氣。不過，正巧在那個時候，我接到韓國某個服裝品牌的聯繫，通知我獲選為「年度最佳女性」（Woman Of The Year），而獎品恰好是高達數千萬韓圜的衣物商品券。其實，我原本想婉拒這座獎項，但在聽聞那個消息之後，便毫不猶豫地懷著感恩的心接受頒獎。幸虧有了這些商品券，我得以買下好看的外套當作禮物，送給這些生平第一次去美國研修的女學生們。這一連串看似偶然，卻又像早已注定了的事件，至今回想起來都好像是中樂透一樣，帶給我滿滿的幸福感。

不只提供孩子們金錢上的援助，我在活動的一開始也承諾了要成為她們的心靈導師。因此，每年我會安排兩次在寒暑假時和孩子們見面，一起吃飯、閒聊，而最主要的話題還是圍繞在分享她們的生涯規劃。後來，孩子們漸漸長大，成為了高中生，在她們即將升上高中三年級的那年寒假，我們策畫了一場團康活動（Membership Training，簡稱 MT）。多虧好朋友的支援，孩子們聚集到滑雪場，白天體驗生平頭一次的滑雪，晚上則和我一對一面談。這些少女們正處於情緒敏感的時期，再加上對於升學有許多煩惱，是相當疲憊的階段，因此，在團康活動的最後一天晚上，我們一起哭也一起笑，彼此在眼淚和歡笑中約定了未來的夢想。

當時，我還向孩子們提案：不管是誰，只要能夠考上前段大學，我就會幫她支付學費。雖然只限定「前段大學」不免顯得有些無情，但是只憑我的能力，實在沒有辦法為所有孩子支付學費，這是在不得已之下制定的「苦肉計」，一方面也是為了刺激孩子們咬緊牙關努力做到最好。「如果不是擁有目標、為了達成夢想而努力的人，我就不想投資。」我冷靜地這麼告訴她們。無條件的擁抱和安慰，家人就可以給予，而我希望自己能在現實生活中對她們的未來有所幫助。

令人感激的是，所有孩子都找到了自己想走的路，至今我們仍然經常聯絡、見面，其中幾名孩子更是和我結下很深的緣分。曾經話說個不停、嬌小可愛的某個孩子，在不知不覺間已變成了漂亮的淑女，是在大學醫院裡工作、令人驕傲的護理師；還有一位孩子從初次見面時就非常害羞，因為太過文靜、讓人不禁有點擔心的她，竟意外地成為了威風凜凜的女軍官。此外，還有一位孩子特別會念書，只花了兩年就從科學高中畢業，進入韓國科學技術院（KAIST）三年後便取得了學士學位。在就讀大學期間，她優秀地以獎學金獲得者的身分，被美國哈佛大學光醫學中心舉辦的夏季實習課程錄取時、以交換學生身分準備前往香港大學時、為了取得碩博士學位而苦惱前往美國留學的事情時，以及被美國好幾間名門大學錄取時，每當碰到這些關卡，她都會來徵求我的意見。值得感謝的是，這位孩子在就學期間一直都獲得了獎學金補助，在去年取得博士學位畢業後，被全球知名的國際諮商公司聘請，從今年開始在紐約工作。彷如我親生女兒一般的她，不知道有多漂亮、多懂事。每當遇到煩惱，她就會突然打電話給我：和室友間的紛爭、指導教授的不合理、兩性問題等等，她和我分享各式各樣的話題。與這樣充滿熱情的孩子所延續下來的緣分，對我來說是非常珍貴的資產與動力。

比單方面行善更加珍貴的「緣分」

這是我第一次詳細說明這件事的始末。因為自己做了善事，就炫耀般地到處張揚，這樣的行為讓我覺得十分羞愧，所以即使偶爾接到媒體的採訪邀請，我也都予以婉拒。這次趁著出書的機會把這件事寫出來，一方面是由於出版社的提議與說服，另一方面也是我想向孩子們表達我的感激之情。因為透過她們，我得到的收穫其實更多。

我的運氣很好，擁有好的父母、獲得不錯的機會，在成長過程裡也沒有經歷過太大的經濟困難，因此，我能夠用自己的力量幫助那些家境困難的孩子們完成夢想，對我來說是莫大的幸福。環顧周圍，有很多人即使自己不努力，也因為運氣好而能夠過得輕鬆、舒適；也許會有人非常討厭或羨慕那樣的人，但我從來不曾有過那樣的情感。為什麼呢？因為我相信那些人也了然於心，清楚自己究竟付出過多少努力，是不是有資格擁有、享受那所有的幸運。

我特別喜歡那些具有韌性的朋友：雖然擁有潛力和毅力，卻總是苦無機會、或者只要稍微推一下就能振翅高飛的人。每當幫助他們時，我都會感受到無比的成就感。我嘗試讓這些朋友們接觸更寬廣的世界，藉此燃起內心的動力，而看著他們一步步實現夢想，我也深刻感受到人生的價值。

和那些無條件分享愛的優秀人士相比，這樣的企劃不能說是完完全全出自利他主義的善行，或許還有可能是為了自我滿足才做的事。其實，如果冷靜分析的話，我認為幫助他人的善舉，其實也是為了要滿足自己。「原來我也是個不錯的人」，該稱作一種自我認同嗎？我們透過善行感受到了生命的價值。因此，我想與其將之稱為「行善」，不如叫做「結善緣」更加來得貼切。

至今在我的辦公桌上，還擺放著與那十四名少女一起拍的合照，既漂亮又讓人滿懷感激。透過與這些年輕朋友們的交流，讓我找到了努力生活下去的意義，嚴格說起來，反倒是我從她們身上學到的更多。

靈活性就是解答

不僅僅是這些學生，我也經常努力地向ABC新聞首爾分部的實習生們學習新事物。通常我們分部一年會有兩次，選拔兩至三名的實習生進行為期六個月的見習。這些新朋友們在踏入社會之前，同時懷抱著好奇心與不安感，和他們見面總是我愉快的動力。

就像我們在小的時候不懂大人們的想法一樣，現在的我當然也不曉得年輕朋友們的心思。最近的年輕人都在想些什麼、對於同一件事和我有怎樣不同的觀點、在生活中懷抱著什麼樣的夢想……我對這些總是感到好奇。此外，日益發展的技術和隨之改變的生活方式，世界每年都有新的變化，要想不在當中落伍，就要盡力地與年輕朋友們多交流，我每次都會領悟到這一點。

我們分部的特性是以小規模的採訪組跑新聞，每天都要找尋新的報導素材，必須隨時張大眼睛、豎起耳朵觀察和聆聽，每當看到聰明的實習生們靈光乍現的點子時，就會驚覺年輕朋友們的存在有多麼重要。因此，我們經常和實習生們分享並交換意見，在過程中彼此互相學習。

俗話說「教學相長」，教導與學習之間的互動，最終會讓彼此都獲得成長。我將自己從經驗中習得的事物傳授出去，看著他們以此做為養分而獲得成長的同時，我自己也獲得了精進。身為擁有較多經驗的年長者及領導者，在帶領後輩一事上不能稍有鬆懈。因此，我致力於培養優秀的新人記者，且只要時間許可，我便會多與他們碰面，盡力將自己的訣竅傳承下去。

每次在與這些新的年輕朋友見面時，有些話我一定不會忘記叮嚀他們，雖然我和各位讀者並非導師與學生的關係，但也想趁此機會與大家分享這個觀念——不要以過於狹隘的方式看待世界。亦即要懂得拋棄至今為止累積下來的刻板印象，並且展開多樣的視角去包容、理解，能擁有這樣的態度至關重要。

此外，即使對自己的選擇充滿自信，也希望你能明白那樣的選擇並非永遠，隨著年齡增長，無論何時都有可能改變。思想和意識，以及我的習慣和態度，如果這些一直都只停留在原地，那麼不管擁有多麼傑出的知識，也不可能會有更好的成長和發展。

把偶然變成緣分的力量

因為記者的身分，我經常與各式各樣的人見面，有時也會遇到奇妙的緣分。如果說一般人的職場生活是在固定的組織、和固定的同事碰面，那麼記者的工作就是經常與新的組織和新成員見面，以確保新聞取材的來源。像這樣可以見識到多樣的人們，就是記者這份工作的魅力之一。在採訪過程中相遇的每一個人都很珍貴，一段段的緣分累積成了龐大的資產。

在過去二十年左右的時間裡，我持續關注著脫北者，並進行了採訪。二〇〇〇年代初期，國際社會對脫北民眾的關心急遽上升，當時北韓因為糧食危機，從一九九〇年代後期開始，就有大量的北韓居民為了尋找工作和食物而進入中國。雖然沒有精確的統計，但據說大約有數萬人到數十萬人。當時我前往北京與脫北者們見面，試圖避開中國當局的視線，暗地裡進行深度採訪，碰到了好幾位因為飢荒而失去父母的孩子，他們在中國市場的底層流浪，又被稱做「花燕」。

當時和我結下緣分的便是千堪元牧師。在採訪的過程中，偶然和千牧師碰上面，當時他正在中國冒著生命危險幫助脫北者們，以宣教士的身分進行活動。二〇〇〇年代中期，我透過千牧師協助在北京見到的一名脫北青年，讓我留下深刻的印象。

為了用攝影機將他的流亡過程記錄下來，我們連續幾天和他一起在北京郊外像是倉庫般的密室中躲避當局監視，並且不斷地轉移陣地。雖然他在逃亡的過程裡被公安發現，最後又被遣送回北韓，但我們用攝影機拍下了那名青年奮力奔往厄瓜多大使館的畫面。後來，我們採訪團隊好不容易才避開公安追捕，從北京逃出飛往曼谷，死守當時拍到的影像，最終才得以用獨家報導的方式向全世界公開北韓人民的現況。然而，在那之後我一直擔心青年的下場，為此感到相當心痛。

在那之後又過了好幾年，某天我在首爾前往採訪千堪元牧師經營的杜利哈娜教會（Durihana）。當採訪正在進行時，一位面熟的青年走了進來，正是當年在北京見過的那名少年，意想不到的相遇令我又驚又喜！據說他被送往朝鮮後又再次逃亡，最終成功地脫離北韓。他安全地抵達韓國後，在全羅南道某個地區的中餐廳擔任外送員，但似乎難以適應南韓的生活。後來，牧師將陷入徬徨的青年帶到首爾，目前他也在教會裡活動，獻身幫助其他的脫北者們。

二〇一八年，BBC報導了中國國內的脫北女性捲入性交易的實況；同年十月，再次報導了兩名被監禁的脫北女性，利用繩索逃出中國某間公寓的場面。這些女性們一離開北韓就遭人口販子販賣，淪為「Sex Cam Girl」，過著被監禁的生活。當時潛入公寓協助脫北女性逃離的，也正是我在北京遇到的那名青年。

採訪過程中締結的珍貴緣分

我就這樣與千堪元牧師結下了緣分，也因此見到很多脫北者。最近，我接觸到不少脫北女性在中國生下孩子後歷經苦難的事件，其中有一位少女讓我十分心疼。她在中國時被酒鬼父親以刀子劃傷臉頰、頸部，甚至連胸口附近都處處留有傷疤，後來才和母親一起來到韓國。我一聽見這個孩子的消息，因為內心太過焦急，在沒有任何計畫的情況下，就將孩子帶到狎鷗亭洞的整形外科，那是幾年前在協助 Juju Chang 前輩採訪韓國的整形熱潮時去過的一間診所。原本打算諮詢傷疤去除手術大概的費用，但因為金額過於龐大，無奈之下只好轉身離開醫院。

那天晚上，當我一直在苦惱有沒有人能夠一起幫忙，該怎麼做才能籌措手術費用時，電話就響了——是白天去的那間整形外科診所的院長。我正疑惑著院長是為了什麼事打電話給我，但他開口的第一句話就讓我難忘。

「謝謝你把那個孩子帶來我們的診所。」

他表示，可以透過社福慈善機構的補助項目，免費替孩子進行手術，同時也提到因為孩子正處於發育期，所以必須得經過多次手術才能完成。在那一瞬間，我情不自禁地反覆呢喃：「噢，主啊，感謝祢！」接著，當我向院長道謝時，他說反倒是自己才應該向我道謝，我們在彼此的道謝聲中，滿懷幸福地結束了通話。在那之後，少女接受了兩次手術，現在正等待著下一次的治療。

不管是前面提到的青年，還是帶著孩子、突破各種難關來到韓國的母親，每當看到他們，就會令我不禁讚嘆起所謂的「人的意志」。自立心和精神力強大的人，即使被遺棄在市場的最底層、處於各種困厄的環境，似乎都能夠生存下來。特別是那些孑然一身來到韓國的脫北女性，看著她們在這裡結婚、生育，然後又帶著孩子來參加聚會的模樣，就會感受到生命力的強韌與崇高。

雖然是始於採訪的緣分，但在那之後我和脫北孩子們仍維持著良好關係，偶爾也會相約一起吃飯。每年我們會舉辦兩次左右的活動，去水上樂園玩、參觀美術館展覽，也一起欣賞K-POP演出等，藉此來建立親密的互動。每次見面時，我都很想給予他們無限的愛與擁抱，但是「木訥」的性格總是無法把那些情感表達出來。即便如此，只要有空閒就多見面、一起度過的話，應該也能打破那道牆吧，我依然沒有放棄希望。

我也是一位男孩的母親，在養育孩子的過程裡難免會有辛苦的時候。然而，父母和子女之間的關係是無法斷絕的，只要耐心等待，總會迎來美麗的曙光。我將那些艱難的時間視為訓練自己的歷程，而把在養育自己孩子時所學到的東西，分享給那些在社會上無法獲得保護的孩子們，大概就是這世間的至理吧。

俗話說「兒女再孝順也不及父母對子女的愛」，意即晚輩很難像長輩一樣竭盡心力地付出，我也是這麼認為。我想，孩子們是需要無條件受到保護的存在，因此大人們要給予孩子完美的愛。

就這樣，在採訪過程裡遇見的千堪元牧師、JK 整形外科的院長朱權（주권，音譯）、以及讓我和脫北孩子們得以進行多樣的活動，在物質和精神上都給予協助的那位朋友、作家們、我親愛的好友們、ABC 新聞首爾分部的夥伴們等，對於這所有的美好緣分，我總是低著頭並懷抱感恩的心。

建立可長可久的關係

在人與人相處的過程裡，不可能永遠只遇到好的緣分，有時會遇到自己不喜歡的人，有時也會經歷不愉快的事情。當我看到那些面向時，就會想著自己「絕對不能像他一樣」，從中又學到了一課。因此，記者可說是一點損失也沒有的職業。近來，會將擁有廣泛人脈的人稱為「insider」，但我在美國時因為身為外國人，我的存在本身就是「outsider」。雖然很努力地想不露聲色、自然而然地融入大家，但總是會感受到很多文化差異，也很難適應那種將音樂開得震耳欲聾的派對文化。

再加上我不會喝酒，在社會生活裡最痛苦的就是應酬場合。外電記者們經常在採訪結束後一起前往小酌，雖然不會像韓國一樣講求「乾杯」，但熟悉酒吧文化的他們喜歡聚在狹窄又嘈雜的空間裡，放著大聲的音樂，一邊閒聊一邊喝著雞尾酒或啤酒。我很不喜歡有人靠在我的耳邊，大聲說些沒什麼意義或結論的內容，要一直扯著喉嚨回話也讓我覺得痛苦。不過，在初入職場的十五年間，為了維持團隊合作的關係，無論是誰，即使一點也不享受這種應酬，都必須要像這樣努力去參加聚會。我滴酒不沾地待在自己的位置上，如果碰到必須唱歌的場合，就比誰都還要認真地高歌一曲。在熬夜工作了好幾天，體力早已見底而只想躺下來休息時，我也還是跟著精力充沛的同事們去聚餐，並且欣然地參加續攤，現在回想起來真是件苦差事。

如今，我已在自己的領域裡成為專家並獲得認可，當前的社會文化也改變了很多，即使不勉強參加那樣的應酬也無所謂，不過，實際上仍然會受到多數人無形的壓力。

不需要八面玲瓏也可以維繫人際關係

如果是剛步入社會，或者處於需要獲得肯定的階段，那麼無論樂不樂意，我認為只要有機會，就應該勤奮地去與人們接觸，奠定自己的人脈。事實上，在美國社會裡，人脈——即所謂的人際網絡——非常重要。

在美國，像韓國一樣的公開招聘制度並不常見，聘請新人幾乎都是透過人脈互相推薦。此外，公司還會對該職員在前公司的工作狀況進行調查與評價，也會接受前公司主管寫的推薦函。因此，無論到了哪裡，與他人建立良好的關係都相當重要。

要想建立並維持人際關係，就必須伴隨著個人一點一滴、具有戰略性的努力。回顧我這段時間以來的經驗，雖然韓、美在文化方面存在著不同，但在人際關係的維繫上並沒有太大的差異，因此，在這裡我想分享幾個自己所領悟到，成為「人氣王」的祕訣。

1 在小事情上成為專家

並不是指要在某個領域成為最厲害的專家。如果想在工作之外拓展人脈，在其他領域上培養自己的興趣會有所幫助。觀察身邊的好友們就可以發現，對於某方面特別了解的人，或是對於某件事格外擅長的話，消息會漸漸散播出去，周邊的人也就自然而然地會聚集過來。例如身為一名電影迷，就將對電影的知識累積到狂人水準；喜歡像足球之類的特定運動時，就不斷地充實對知名球隊的認識，這類的人通常會很受歡迎。我們公司的一位製作人是一名攝影狂，因此社內同事打算購買新的家用相機時，一定會去找那位製作人徵求意見。

2 找到站在群體中的核心人物

和所謂的「核心人物」親近的話，可以透過他進一步認識其他人。事實上，在進到一個新的組織裡時，要分辨誰是誰，掌握彼此間的牽制關係等並不容易。「找到群體中的核心人物」，指的並不是站在「權力」中心的人，這一點我想特別澄清。因為人人都覬覦那處於權力中心的位置，如果草率地發表言論或有所行動，很可能就會在一無所獲的情況下成為眾矢之的。因此，我們要找的是善於累積「人脈」的人，意即會想與他人分享自己的人際關係，個性上也懂得如何牽線的那種人。有些「核心人物」即使人脈廣泛，但絕對不會把自己認識的人介紹出去，因此必須要學習如何區分。

3 活用社群軟體

因為社群軟體的關係，拓展人脈變得更加容易，我們可以在短時間內與許多人進行交流、累積人脈，是非常有效率的方式。我經常使用Facebook，由於公司政策要我們盡量避免發表個人的政治見解，因此撇除政治話題，我會直率地分享自己對社會議題的意見。此外，我也在公司的建議下開了Instagram和推特帳號，在Instagram上主要是公開自己的近況，推特則是用來傳達新聞。從人們在社群帳號裡寫的文章，可以觀察出他們的喜好，有時也會獲得許多報導的題材與創意，因此我饒富興味地參與其中。與其把社群軟體拿來當作炫耀的工具，不如挑選出可以真誠地分享自己想法的朋友，將其歸類為「摯友」群組，密切地進行互動。每天在社群帳號只上傳美食、精品、旅行照片的朋友們，因為看起來很舒心，所以我會以「淨化眼睛」的角度進行瀏覽。然而，我覺得最具有魅力的人，是比起物質上的榮華富貴，能夠用簡潔且具有邏輯的方式，表現出自己的真實情感並分享出去的「臉友」們。

4 嚴格遵守承諾，不隨意請求和委託他人

習慣性遲到或違反約定的人，不管走到哪裡都會被排斥，濫發請求或委託的人也一樣。我個人非常討厭違反約定的朋友，在推遲或取消約會時用什麼樣的方法解釋，會大大地影響我對那個人的好感度。就我來看，清楚且明確地告訴對方為什麼不得已而要違背約定，才是對對方保有的最基本的禮儀。就算有難以詳加說明的原因，與其只表示「我今天好像沒辦法去了」，不如告訴對方「現在很難向你說明，但很抱歉我因為個人原因沒能遵守約定」，應該至少要有類似這種程度的解釋。

對於他人的請求或委託，就我自己來說並不會感到不開心，因為在我的能

力範圍裡可以幫上忙的事，我屬於很樂意付出的類型；而若是我的能力無法達成，也能夠坦率地拒絕對方的請託。不過，若是個性上不曉得如何婉拒他人，或對此感到相當為難的話，就必須要懂得讓對方不予取予求，而自己也不要隨意地開口請求或委託他人。

5 見面時，要將注意力集中在對方身上

和某個人共處時，必須要將注意力完全地集中在對方身上。如果為了想維持人際關係，不停地分心看手機的話，對方也會因此而不想再約見面。這個部分我也總是在自我反省，因為職業的關係，我必須對當下發生的事件隨時保持敏銳的觸角，這二十多年來養成的習慣，讓我很難三十分鐘以上都不確認新聞。如果發生了緊急事件，美國總公司的編輯部會來電通知，但即便如此，我還是會因為感到不安而老是用手機確認新聞和電子郵件，所以也思考過這樣的習慣是不是會帶給對方不愉快的感覺。就算只是短暫的見面，也要像整個宇宙只有對方的存在一般，注視對方的眼睛並表現出高度集中的態度，唯有如此，對方

才會也同樣地切切實實感受到我的存在，並且度過美好的時光。在對話時表現出體貼的戰略之一，就是在道別前的最後，經常留意並確認一下對方還有沒有想說的話。

「人脈」是在社會生活裡累積經驗時最重要的財富，然而，並不是「只要認識很多人就算是維持著良好的人際關係」。因為想要拓展人脈而忙於交際，但卻都只流於形式的話，那麼對對方而言自己也僅是點頭之交而已，那些時間與努力只會是白費，最終沒有一個人會成為我真正的人脈。此外，如果和太多人建立「點頭之交」的關係，有時候他們可能反倒變成自己最大的敵人。如同「粉絲」和「黑粉」只有一線之隔，唯有積累的信任逐漸加深，雙方才能夠維持可長可久的關係。比起用八面玲瓏的方式來擴張毫無質量可言的交際，好好珍惜、守護已然締結的緣分才是根本之道，如此一來，方能延展出更多美好的相遇。

利用「寒暄」拉近距離

每個人都知曉「人脈」的重要性，但是有許多人連和同事相處都覺得困難。無論走到哪裡，「人際關係」都是最重要、也是最複雜的問題。在我初次前往美國留學時，不僅對派對文化感到陌生，也很難和不認識的人自然而然地分享話題。有些人會覺得自己相當內向、怕生，因此難以主動向陌生人搭話，不過，其實只要多經歷幾次的話，就會體會出溝通的要領，而這個訣竅也並非有多麼了不起。

在和我一起工作的人當中，有一名叫做克拉克（Clark）的製作人。他的個性溫柔體貼，是懂得照顧所有人的類型，而且他還非常細心，對於自己做的事會不斷地確認和質疑。某一天，我向他問道：

「你是A型的對吧？」

他說他不知道自己的血型，很多西方人都不清楚自己的血型是哪一種，因此我讓他去檢查一次看看。幾個月之後，我和他再次碰面，他表示自己真的是A型，並問我是怎麼知道的，為此感到驚訝不已。我告訴他，在亞洲很流行用血型來區分個性，並告訴他A型的特徵是什麼。他一邊感嘆我說出來的特徵和他非常相符，一邊笑著表示相當神奇，而我們就這樣聊了好一陣子關於血型和個性的話題。

在韓國，血型並不是什麼特別的聊天主題，而是每個人都可以毫無負擔地拿來當作談資的素材，即便這些說法不具有科學根據。和女性朋友見面時很容易找到話題，但偶爾和男性友人碰面時，經常會因為不知道要聊什麼而覺得尷尬。這種時候，若以常見且任誰都可以接續的題材來展開對話，就能夠輕鬆地取得共鳴並產生趣味，每個人不是都一定會有血型嗎？

和初次見面或不怎麼親近的人一起工作、相處時，偶爾會覺得渾身不自在，且空氣中瀰漫著一股沉默。這種時候，能夠輕鬆轉換氣氛的方法就是「寒暄」（small talk）——意即為了進行社交而展開的輕鬆對談。

靈活引導對話的方法

該怎麼做才能自然地引導對話，把氣氛緩和下來呢？就讓我分享幾個關於「寒暄」的小訣竅吧！

1 選擇任何人都可以產生共鳴的輕鬆話題

在進行寒暄時，選擇天氣、家人、興趣、飲食、電影、音樂等每個人都可以簡單分享的主題為佳，容易使人變得敏感的政治和宗教議題則是禁忌。在韓國，有時候對不怎麼親近的人也會問到「你結婚了嗎」、「為什麼不結婚」等隱私的話題，這種寒暄方法並不恰當。

有時候也會碰到某些人一味地講述自己感興趣的話題，滔滔不絕地聊著最近看得入迷的電視劇或是賽事等，然而，如果聊天的對象對那些主題絲毫提不起興致，這樣的寒暄根本就是酷刑。因此，寒暄時要懂得觀察對方是否對話題感興趣，並且適時地改變聊天內容。

2 不要刻意展現自己

在想要拓展人際關係、試圖與不認識的人進行寒暄時，務必要留意這一點。特別是在韓國社會裡，在陌生人聚集的場合，通常會先想要掌握對方的定位或社經地位等。會有這樣的傾向，或許是因為韓國在語言文化上存在著敬語和半語[5]的差異，所以會先透過外貌來判斷對方年紀是不是比自己大，再從穿著來

5 韓國是個重視輩分的國家，在說話時有所謂的「敬語」、「半語」之分。凡是比自己年紀大的對象都必須使用敬語，意即下對上的關係，如父母、兄姊、上司、前輩等；而半語則是用於比自己年紀小的對象，意即上對下的關係，如孩子、弟妹、平輩或親密的朋友等。

分辨對方是做什麼工作的人等等，必須在取得這些情報並且消化過後，才得以輕鬆自在地展開閒聊。而在這樣的過程裡，我觀察到許多人都會刻意地想展示自己的身分地位讓對方知曉。或許正因如此，不少韓國人對「寒暄」這樣的行為覺得不自在，或者對熱情地向自己走近的外國人保持著警戒。

此外，特別是在位高權重的人身上，偶爾會發現有這樣的缺點：總是想要教導對方些什麼。即便自己只是抱著身為前輩的心態，想要分享經歷過的事物給晚輩，但站在聽者的立場上，很可能會覺得那是令人疲憊的嘮叨或訓斥。

總而言之，當有機會進行「寒暄」時，像是為了介紹自己或證明自己是不該被質疑的對象般，提出學歷、財力等自身的成就及擁有的事物等等，都是十分沒有必要的言詞。這些行為，只會引起對我感到關心之人的好奇，而想從我身上獲得關心的人，對此只會覺得倦怠。

3 平常就對身邊的人付出關心

我平常在和同事們聊天時，會詢問並記住對方的妻子從事什麼工作、孩子幾歲等，如果真的記不住，就會把那些資訊註記在手機電話簿裡該聯絡人的名字旁。此外，最近因為社群軟體盛行，所以我也會留意同事上傳到 Instagram 或臉書上的家人近況。如果同事的妻子喜歡韓國化妝品，我就會把它記下來，然後在紀念日時做為禮物送給對方；若聽到同事的孩子要參加某項發表會，我便會在日後詢問活動進行得如何。像這樣，平時留心觀察周邊朋友們的社群頁面，簡單地詢問一下關於當中的內容，那麼看起來木訥寡言的男同事們就會相當高興，開始談論起與自己有關的話題。

4 百分之六十傾聽，百分之四十表達

沒有什麼比自說自話的人更難以忍受，因此，我們要懂得總是給予對方更多的話語權。比起努力地陳述自己的看法，試著多傾聽對方想要說的話吧！一段對話以「發問」做為起始是最好的，且比起以「是或不是」來回答的問題，讓對方能用「敘述句」來答覆的問題更佳。例如在問對方「你家住哪裡」之後，比起「很遠吧？」這種確認型的提問，「怎麼來的呢？大概花多久時間？」這

樣的問法會更合適。仔細地提出疑問，會讓對方覺得「啊，這個人是真的關心我」——這就是引發好感的方法。因此，有誠意的提問和傾聽就是最棒的對話技巧。

5 用肢體語言讓對方感到安心

雖然看起來好像沒什麼特別，但在和剛認識的人接觸時，「肢體語言」扮演了非常重要的角色。如果要分享我的訣竅，那就是比起眼神固定在對方身上、採正面站立的姿勢，肩膀的角度稍微向對方前傾一點會更加合適。但這時要特別注意兩人之間的實際距離，無論是誰都不會喜歡陌生人過於靠近地與自己搭話，且如果平時就屬於嗓門比較大的類型，那麼最好再多保持一點空間。

「寒暄」也是一種訓練，不管是初次見面的人，還是在電梯裡單獨碰到的同事，由自己先主動開啟話題，練習分享看看簡短、輕鬆的對話吧！「寒暄」會愈進行愈熟練，變得愈來愈容易，且技巧也會日漸進步。如果懂得培養自己的「對話才能」，那麼日常生活不僅會充滿活力，也能夠過得更加愉快。

照亮人生的最美網絡

平時在與人來往時，我會將以記者身分見面的公事關係、私底下見面的個人關係，嚴格地區分開來。因為身為記者的我必須要保持客觀，不管碰到什麼樣的案件，都不能顯露內心真正的想法。不過，我也是個平凡人，私底下會有感到激動、生氣的時候，偶爾更會在心中忿忿不平：「那個人真的很厚臉皮」、「怎麼能夠說出那樣的話」等等，瞬間覺得怒不可遏。然而，即使各種複雜的情感一下子湧上來，也不過是一種自我耗損罷了，所以我會盡快將情緒整理好，努力地時時刻刻保有平常心。這是我在職場上久經訓練的結果，最終在工作場合時，對於所有的事件和現象，我都會像「觀戰」一般地「分析」，然後把資料與數據儲存到腦海裡。例如那個人有那樣的想法，而這個人則是這麼想的；這個意見和那個意見在某個面向上不同，又在某個層面上有著共通點。我利用這樣的方式，對於每件事都後退一步，以觀察者的立場來看待。長期下來，在因工作而見面的關係中，便很難有情感的涉入，所以也就幾乎沒有一段關係可以發展為深厚的交情。

最近我除了工作上的關係之外，已經不會刻意在私底下去拓展新的人際網絡。現在的我覺得自己在人際關係上，是需要做出選擇並專注的時期，因此正努力與那些相處起來不會陷入尷尬或沉默的朋友們來往。在熟悉的朋友們面前，我可以拋去記者的職責，以一般人的身分輕鬆地展現自己，讓我覺得十分愉快。此外，由於我每天都處於新聞的洪流當中，且透過報導接觸到的大多是這個世界黑暗的一面，因此，能夠和自己喜歡的朋友們分享正向積極的美好話題、享用美味的餐點，再一起運動健身，這對我來說是一段療癒的時光。

我經常苦惱著自己想成為他們怎樣的夥伴，且為了邁向幸福，彼此應該要有怎樣的決心和行動，一有空我們就會分享這樣的話題。在二十歲到四十歲中半的這段期間，一半是出於自己的意願、一半是迫不得已，比起個人的人際關係，我把職涯規劃放在了第一順位，所以長期下來一直沒有什麼機會去思考這樣的問題。

我的個性不是時時刻刻都會和朋友們傳訊息，也不是會每天通電話的類型，這點我反覆確認過好幾次。因此，比起著重在聯絡的「量」方面，我總是更加致力於將關係發展成一段具有「質」的感情。不管是與戀人也好、與朋友也罷，一段關係中最基本的義務，就是擁有「守護彼此幸福的責任感」。雙方互相保有自我成長的時間，這也是讓一段關係可以長久維持下去的關鍵。在戀人的關係上，懂得相互尊重對方的獨立性，並且給予支持和啟發，才是正確的態度；而在朋友的關係裡，要能對各自喜歡的事物投以關心，分享具有發展性的對話，成為彼此最熱情的粉絲，我也正朝著這樣的方向努力。

此外，在拓展人際關係時，樹立正確的自我中心也相當重要。透過身邊的人來提高自我價值、對於某人過度依賴，或是讓對方依附在我身上，這些都不是健康的人際關係。處於不穩定的狀態，或者是自我感覺脆弱的人，在遇到其他人時也會自然地升起防備：「那個人是不是對我有什麼目的？」、「會不會對我造成傷害？」陷入疑心與警戒的狀態。相反的，自尊心強的人，會看見對方原原本本的面貌，也會努力發掘對方的優點。

當然，我也有結束得不怎麼好的朋友關係。若對方因為變心而選擇離開我身邊，我認為這是自己必須認可且接受的，因為我有可能在非本意的情況下傷害了對方。在日常生活中，很多時候一段關係會在不知不覺間邁向終點，也有可能根本就不知道正確的原因所在，或許就只是因為彼此的好感度已經走到了盡頭。我們不可能期待每個人都喜歡自己，也沒必要讓討厭我的人重新對我產生好感。因此，我們不需要煩惱為什麼那個人討厭我或辱罵我，也沒有必要去厭惡對方，那些都只是在浪費時間。

如果是自己人，誠實以對才是最好的

在人際關係裡，我最看重的就是「誠實」，特別是對自己喜歡和信賴的人而言，誠實以對才是最好的。切忌真有其事卻又假裝風平浪靜，或是明明水靜無波卻又裝得煞有其事。因為不管喬裝成什麼都只是虛有其表，粉飾太平也不過是在掩蓋真相而已。我如果覺得累就會誠實地說出來訴苦，就算是很丟臉的事，也會經常與朋友分享。因為我認為只有我先向對方坦承，對方才會也對我敞開心胸吐露心事，而這時認真地傾聽，就是我能送給對方最好的禮物。雖然是非常個人的意見，但我為了和好友們積極地維持關係，立下了幾項屬於我的原則，在這裡想和讀者們分享：

1 先付出才期待回報

面對需要幫助的人，我會先向對方施予援手。我發自真心的援助以及對方發自真心的感謝，這樣的心意和經驗會成就更穩固的人際關係。然而，我們也沒必要單方面地持續付出，如果幫了對方十次，別說是一兩次的回禮，對方若連感恩的心都沒有的話，那麼這就不是健康的人際關係。若對方只期待獲得幫助，完全沒有日後要以其他方式回報的心意，那麼這樣的人際關係就沒有維繫的必要，也不值得留戀。

2 一定要主動去找處於困境的朋友

我會參與朋友遇到的喜事或喪事，雖然偶爾因為行程忙碌，不得已會在婚宴上缺席，但遇到喪禮時我一定盡力趕往弔唁。朋友遭遇挫敗或處於危難時，我會主動站出來安慰對方，並在我的能力範圍內給予對方支援。在對方遇到困難時陪在身旁，就足以成為很大的力量。除了喪葬文化之外，在個人發生不幸或產生問題時，韓國和國外的文化有些不同，因此很多時候我也感到慌張。在韓國，如果某人遭遇到不幸，那麼身邊的人會察言觀色、保持距離，不輕易地主動接近對方。很多人會這麼想的理由，是「對方都遇到那麼嚴重的事了，難道還有心情嗎？」或者是「對方應該想一個人靜一靜」。不過，就我而言，我認為假裝不知道友人的痛苦，只是害怕火苗會濺到自己身上，所以才加以迴避而已。這種自我合理化的行為，以一個詞來概括就是「卑鄙」。如果朋友遇到困難，應該先想辦法幫助並安慰對方；若真心為朋友感到惋惜，卻不曉得該說些什麼才好的話，那麼就直接去找對方，什麼話都不要說，握著對方的手五分鐘，和他一起度過那短暫且安靜的時光。

3 努力地共享經驗與時間

即使無法經常見面，也要透過電話或電子郵件來傳達自己的問候，並將之深深地存放在心裡。特別是站在我這邊的家人、好朋友或導師，有時候因為確信對方會一直處於相同的位置，所以在忙碌的生活裡就容易疏於關心。

因此，我推薦的方法之一就是為對方量身訂做行程、創造回憶。假如是喜歡古典樂或是懷孕中的後輩，我會經常邀請他們聆賞古典樂演奏、芭蕾表演或是參觀畫展；和活力四射且對音樂與文化感興趣的朋友們，則是經常一起去欣賞K-POP演唱會。針對有子女要照顧，很難抽出時間見面的朋友們，我會規劃家族或戀人的短期旅行，至少幾個月出遊一次，一起分享經驗並累積回憶；而若是單身或沒有子女的夫妻，則是安排二至三週的長途旅行。就算只在一起一天也好，和自己珍視的人共享時間與經驗，將會成為長久且別具意義的回憶。

觀察人生這趟漫長的旅程，比起把錢花在買衣服裝扮自己，在能夠與他人共創回憶的事情上支出費用或許更具有價值，我似乎是在很久之前就領悟了這個道理。因為日常生活過於忙碌，實在抽不出時間和朋友們一起度過的話，那麼和家人共處當然也是一種很好的選擇。與其給年邁的父母孝親費，和他們一起去看場電影，或者一塊去旅行，從中獲得的喜悅會更大。

隨著年齡增長，我深切領悟到向他人付出愛，會使我自己的生命更為豐饒，最近也仍在體會當中；而能夠感受到他人對我的愛，那樣的情感更是無限恩賜。人與人的關係之所以變得篤實，並非自然而然地形成，而是必須投資時間和努力去經營才得以收成，希望你不要忘記這一點。

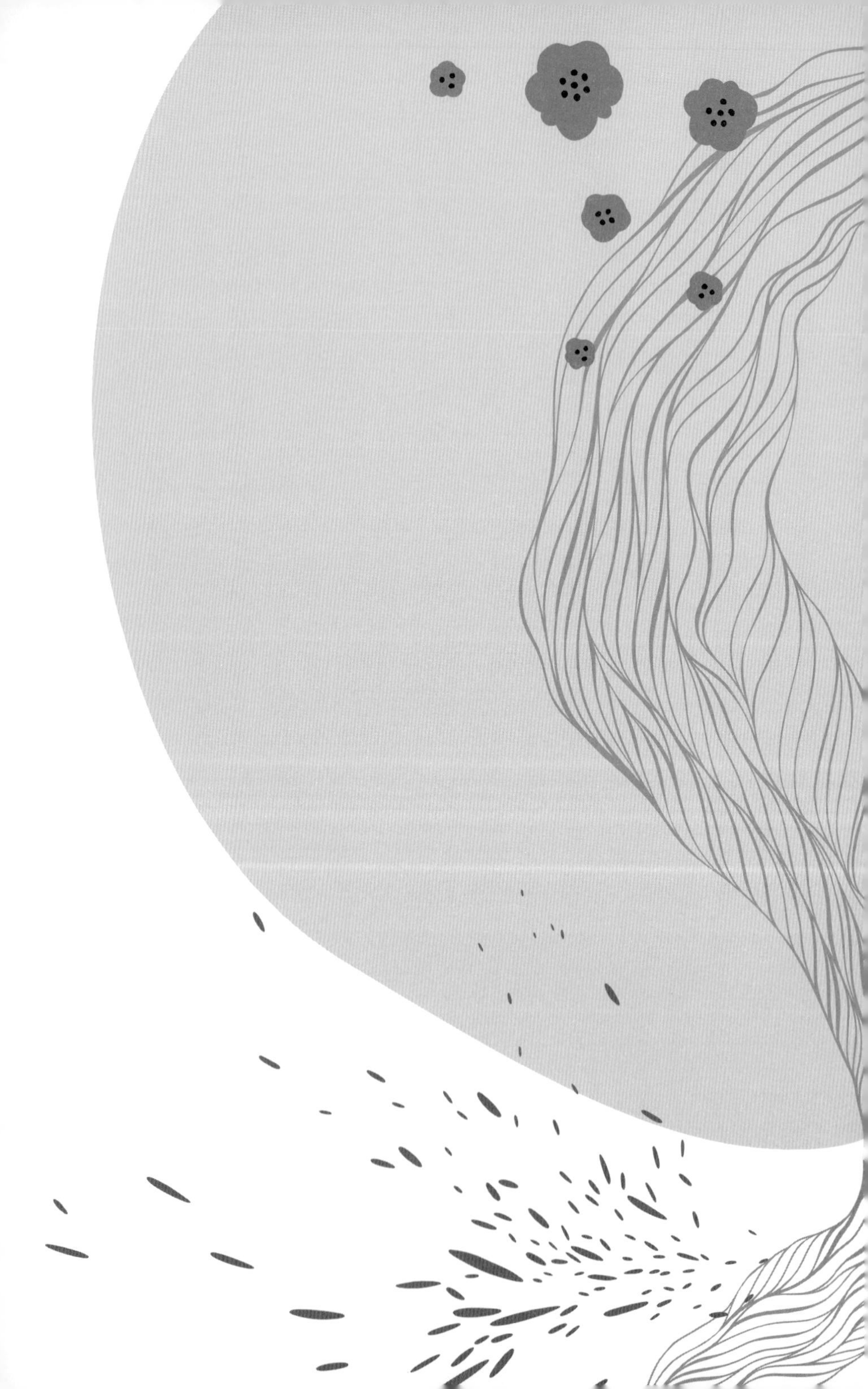

Chapter 4

在世界的洪流中，需要不斷地變化和成長

現在是資訊爆炸的時代，媒體透過刺激性的新聞來混淆人們的情感，並且試圖引導大眾的思考方向，我們隨時都要小心不被利用。在任何情況下都別被動搖，應該懂得觀察各種輿論和說法，養成由自己來判斷世界的習慣。

我看到的世界並不是全部

醫大生在成為醫師之後，會以所謂的「日內瓦宣言」進行宣誓，這是一九四八年世界醫學學會以《希波克拉底誓言》為基礎撰寫、制定出來的現代版醫師誓詞。宣言的內容包含了醫療倫理及方針，簡單來說就是醫療人員們要遵守職業倫理的宣誓。對記者來說，也有所謂的「新聞倫理」，意即在採訪時必須肩負社會責任，保持客觀公正的態度，因為記者說的話和寫的字，有可能會對某人造成傷害。就像是握著手術刀的醫生一般，必須時時刻刻小心謹慎。

然而，在現實生活中，有很多記

者並不遵守新聞倫理，只追求安逸地寫完報導。連基本的事實查核都沒有做，直接照抄其他報導的情況也相當多。當然，造成這種情況的原因，在於媒體的重心逐漸從紙本轉向網路，整體的產業結構發生了變化。

現在是必須要即時、全天候提供新聞的時代，大眾希望看到更快、更具有刺激性的新聞。因為要比誰的速度快，就算晚了一步也要盡快產出新聞，所以媒體直接照抄他社報導的情況，比以前更加惡化。而真正令人感到害怕的是誤報、假新聞等事件，甚至連主流媒體都經常在未確認事實的情況下，就直接抄寫其他家的內容。特別是韓國媒體在轉述國際新聞時，這種現象更是嚴重。

那是在泰國北部清萊府採訪少年足球隊受困洞穴，以及後來全員獲救時發生的事。當時泰國的某家媒體，報導了被困在洞穴中的十三名青少年足球隊，其中包括教練有四名已經獲救。消息一出，韓國國內的各家媒體也引用這則報導，陸續發出新聞稿。不過，其實直到隔天才傳出包含教練在內的最後五名倖存者全數獲救，因此先前教練已被救出的新聞完全是誤報。

會產生這樣的事件，是因為急於抄寫他社發出的新聞所導致。不只是韓國的媒體，很遺憾地，類似事件近來在外電記者間也屢見不鮮。因為「速報」的競爭相當激烈，所以連基本的事實查核都沒有做，就立刻將報導發了出去。然而，愈是敏感的情況，就愈要經過兩、三次的事實確認後才能進行報導，並且要明確標示出採訪來源。

在我所隸屬的 ABC 新聞組，只有當局正式地確認過事件，或是由採訪組親眼確認過之後，才會發出報導。假設救援直升機從事故地點上空飛過，在我們還沒有發現搜救成功的現場之前，就絕對不會斷定「第十名少年已被救出」然後進行報導，而是會以「剛才救援直升機飛過現場，按照至今為止的流程來看，有可能是搭載了第十名被救出的少年」來表現。採訪的基本原則是正確性，必須只針對確認過的事實進行正確地報導。

近來最盛行也最令人「哭笑不得」的誤報，大概就是北韓領導者金正日、金正恩父子的健康傳聞。以謠言做為起始，在各國媒體之間以訛傳訛，只短短經過一天就演變成「已經身故」；在我的記憶中，類似的事件發生過不只一兩次。而這樣的消息進到我的新聞編輯室裡，一概都是以「未經當局確認，不予報導」的原則處理。

所謂記者的責任與角色

如果不可避免地發生了誤報，媒體應該要立即承認錯誤，並真心地向大眾道歉，此外，傳達了錯誤消息的記者也應當要對此負責。在二〇二〇年一月時，我們社內的一名記者也在直播過程中發生了嚴重失誤。雖然該名記者的採訪風格偶爾會帶有一點攻擊性，但是他對人的感情非常豐富，活躍的表現在社內獲得極大肯定，而那次的失誤，是因為急著要傳達消息所導致。美國職業籃球的傳奇選手柯比．布萊恩（Kobe Bean Bryant）與他十歲的女兒搭乘私人直升機，在加州墜毀後雙雙遇難，而該名記者誤報了柯比．布萊恩的另外三名子女也在這場意外中喪生。

雖然那天我不在會議現場，但根據同事們的轉述，他們是第一次看到平常以紳士著稱的 ABC 新聞社長如此震怒。最終，公司以官方立場向觀眾發了道歉聲明，鄭重地澄清該報導的內容有誤，違反了社內的編輯倫理，並且毫不留情地對傳達錯誤報導的記者給予停職處分。而那名記者也公開表示後悔，對此深刻進行反省，也向因為自己的誤報而更加受傷的家屬們致歉。當時社內的同事們都受到很大的衝擊，因為那是根本不應該發生在公司裡的事，就算稱為「失誤」也錯得太過離譜。

看到公司和誤報的記者都立刻承認自己的疏失，努力用真誠的道歉來收拾殘局，讓人不禁想起韓國媒體的現狀：許多人身為記者，卻不遵守最基本的新聞倫理，因而被社會大眾嘲諷是「垃圾記者」。看著那些人自我降低格調的樣子，我身為同一業界的前輩真心感到惋惜。此外，有幾家媒體為了提高點閱率，競相生產刺激性的標題和品質低落的報導，新聞整體的平均水準是否逐漸在下降呢？身為媒體人的我覺得相當遺憾，甚至感到很難過。目睹這樣的醜態，有時候我會想記者是不是應該也像醫生一樣，要進行「希波克拉底宣誓」？雖然不知道那是否只是象徵性的行為，但為了讓記者們對報導再懷有更重一點的責任感，是不是應該擬定具有組織性、社會性的制度呢？

記者在接近受訪者的方法上，也有幾項要遵守的原則。首先，必須告訴對方：「我是ABC新聞的記者，因為對某個部分感興趣，所以特別和您聯繫」，事先表明自己的記者身分。此外，對於受訪的內容能否寫成新聞報導，也必須徵求對方的同意。若假裝自己不是記者，以其他身分接近受訪者並取得情報，將之寫成報導，或者並沒有獲得對方許可就將受訪內容寫成新聞，這些行為全都違反新聞倫理。儘管如此，最近不少新聞打著「深度企劃報導」的美名，肆無忌憚地動用偷拍和竊聽裝置，再加上喜歡這類報導的讀者持續增加，不禁令人感到相當憂心。

由於網際網路發達，資訊量已經非常充裕，必須以更深厚的知識為基底來進行採訪的時代已然到來。「新聞」除了單純地提供情報之外，還扮演著其他的角色：對已經離開學校的成人們來說，新聞是再教育的場所，也是學習知識的窗口。雖然現在傳播資訊的新平台如雨後春筍般湧現，但能夠最快掌握新知識和情報的工具，依然還是新聞。社會愈是高度發展，記者的作用和責任就愈大，因此對這份工作的職業意識也必須要更強。

廣泛地觀察，由自己下判斷

我也期盼著社會大眾對記者的觀感能有所改變。最初我在韓國開始進行新聞報導時，人們普遍認為記者是菁英階層或是既得利益者，只要一提到自己是記者，人們的目光就會變得不一樣，很多時候感覺好像受到了吹捧。不過在西方，記者就只是做為「監視者」（watchdog）而已，扮演著監督事實、現象和話題等，並進行報導與傳達的角色。

在韓國，記者的角色似乎被過度放大解釋，或許正因如此，對記者所賦予的社會期望也過於誇張。我經常會感覺到，大眾普遍認為記者除了傳達事實之外，還必須要提出對策，並且對社會造成某種影響。然而，提出解決方案是社會運動家或政治家的領域，媒體應該把精力集中在確實地轉述專家們所提出的意見，如此一來才能維持一個健全的民主社會。

此外，必須要注意某些媒體會利用專家們的想法來操縱輿論。他們透過刺激性的新聞來混淆人們的情感，並且試圖引導大眾的思考方向，我們隨時都要小心不被利用。無論在任何情況下，都不要被偏頗的媒體動搖，應該懂得觀察各種輿論和說法，養成由自己來判斷世界的習慣。

就我的情況而言，我不會特別去挑選具有某種論調的新聞來看，在社群軟體上也不會刻意迴避具有特定政治傾向的人。當然，如果那個人懷有攻擊性，或總是強迫他人接受自己的意見，那麼就另當別論；若不屬於上述情況，我並不會抗拒接觸和我不一樣的思想或意見——不，應該說我反而會興致盎然地去接納這些看法。

隨著媒體的分散化和搜尋網站日漸發達，人們在現今的時代，可以選擇符合個人喜好的新聞觀看：在畫面上只讓自己想看的報導出現，而社群媒體的動態時報上，演算法也只讓和自己擁有相同看法的貼文填滿時間軸。就像這樣，新的媒體環境提供給人們多樣性和自主性等優點，但同時也很容易讓人誤以為自己挑選的新聞和動態時報就是世界的全部。我認為這很有可能成為現代社會的另一場災難，現在，所有人都乾脆不看與自己相反的意見，把自己關在狹隘的世界裡，變得更容易將自己的視野縮小。

在各方面都日趨複雜的世界裡，為了能好好守護自己，切記不要輕易地被說服或動搖，必須變得更加睿智，懂得睜大內心的眼睛去分辨一切。

拋棄傲慢與偏見

一九九四年，我修習完碩士課程後，進入了當時新創立的ABN電視台香港分部工作，那段時間裡留下不少美好的回憶。在我初次前往ABN時，最讓我感到驚訝的，就是那裡聚集了許多不同種族、擁有不同文化背景的人，英國、美國、中國、日本、馬來西亞、印度等，各種國籍的人全部聚在一起工作。

不僅僅是在韓國，我在美國時也一直待在以白人為主的組織裡工作，進入這樣融合多文化的公司後，一片全新的世界在眼前展開。我第一次知道世界上有那麼多的宗教信仰存在，特別是穆斯林文化圈的人，在我們看來可能最感到陌生。那時也是我第一次和穆斯林近距離地一起工作，很多事情都讓我覺得新鮮。首先，穆斯林在飲食上有許多限制，在職場時也會按照表定時間進行祈禱。而穆斯林女性戴著頭巾活動的模樣，對當時的我來說亦相當新奇。

對好奇心旺盛的我而言，與其說那些是文化衝擊或是充滿陌生感，不如說那些和我不一樣的部分反倒讓我覺得有趣，並且產生了「這個世界還有很多值得學習的地方呢」的想法。之所以會有這樣的態度，或許是因為我自己也曾做為少數民族生活過。在美國經歷的小學時期，我在周邊幾乎都沒有韓國人的環境下成長，非常感激那時願意接納我、對我付出關懷的人們。正因為有過類似的經驗，才讓我得以領悟到在接觸少數民族時，應該如何接近他們才不會傷害到對方的自尊和心靈。

我所習得的方法，一直都是以「尊重」為基礎的坦誠相待。在ABN與屬於少數民族的穆斯林們一起工作時也不例外，對於該文化圈感到好奇的部分，我會坦率地向對方請教，像是為什麼活動時要戴著頭巾、在家裡都吃些什麼樣的食物等等，若是單純出自關心與好奇的提問，對方也會親切地給予解答。如此一來，這就會成為與對方變得更加親近的契機，也是進一步了解穆斯林文化的機會。

在對待LGBT等性少數族群時，我也會嘗試坦誠地進行對話。做為少數族群生活的人，其實也意識到了自己屬於少數者，因此與其假裝若無其事地對待他們，不如認可那樣的事實，然後在該事實的基礎上展開對話。

當然，這也取決於個人的選擇。有些人可能會認為不去觸碰敏感話題才是禮貌，也有些人只是單純覺得談到那樣的議題會尷尬，所以選擇不去開啟。但我認為，至少雙方都要意識到該項事實，才能夠進行具有建設性的對話。就我的經驗來看，如果選擇坦誠，對方也會敞開心扉與我變得親近，並且得以展開富有意義的對談。

「本來就有可能會那樣」

有個詞叫做「仇外」（xenophobia），是由希臘語中意指陌生人（xenos）與恐怖（phobos）的兩個詞結合而成，代表著對異鄉人的嫌惡。世界各國都有討厭並歧視其他人種、宗教的仇外情感存在，尤其韓國是一個重視「認同感」的社會，在接受「我們是韓民族」這樣的教育時，雖然能夠感受到強烈的歸屬感與安定感，但在包容其他民族或人種方面，卻相對顯得較為生疏。此外，韓國強調「團結才能生存，分散就會滅亡」的精神，雖說因此具有團結力強的優點，但過於強調統一性，似乎也會產生否定其他不同事物的傾向。

在遇到和自己的文化或宗教大不相同的人時，有可能會感到困惑，但即便如此，也絕對要注意不能在表情上顯露無遺。曾經在國外受過歧視的人就會知道，就算不是透過言語或行動表現出來，很多時候單單只是表情，就能讓人感受到差別待遇。例如在對方表示「我不能吃這個」的時候，用奇怪的表情質疑對方「為什麼」，與用單純感到好奇與關心的語氣詢問「為什麼」，兩者是完全不一樣的，任誰都能感受到其中的差異。

如果想管理好自己的表情，就要從思想開始改變。和我不一樣的事物，並不代表那一定就是錯的，應該想著從不同之處去感受趣味。即使以我們的常識很難理解對方，也不要因此就慌張失措，要懂得用「本來就有可能會那樣」的態度去面對。拋棄偏見與先入為主的觀念，讓自己的頭腦保持柔軟與彈性，那麼在接觸不同文化時就不會受到衝擊，也不會過度地落入驚訝。

世界變得愈來愈小，我們的國家也逐漸邁向多文化、多種族社會。韓國並不是一個封閉型的國家，而是正配合著全球的腳步往前邁進，因此，生活在同一國家裡的我們，對於不同性質的事物，應該要能抱持著更加寬廣的胸襟。

此外，撇除國家與人種的差異，我們全都生活在同一個地球，在同一片大地上擁有相同的資源，是必須懂得互相分享的生命共同體。為了能夠一起生活下去，我認為最重要的就是共存與共享。必須要能夠與他人共同生存，並且分享同樣的價值與目標，而要做到這一點，就得拋棄「只有我才是對的」這樣的觀念。懂得尊重與自己不同的想法，才是成熟的社會人應該具備的態度。

世界十分廣闊，意見相當多樣，每個人生活的方法也各有不同，這是多麼有趣的事啊！如果以理解的態度來包容多樣性與差異性，進而探索這個世界的話，那麼生命將會變得比現在更加豐富多彩！

用全球觀點看世界的方法

我每天都有像儀式般的固定流程，是只屬於我的早晨例行公事。早上起床後，九點開始到十一點，我會把前一天晚上的美國新聞和早晨的韓國新聞全部瀏覽一遍，並且確認電子郵件。接下來，就進入公司的新聞首頁，確認以國際焦點為中心編輯而成的網路新聞與影音新聞，主要是確認與美國總統有關的消息。偶爾如果有需要再深入了解的主題，就找找看《紐約時報》和《華盛頓郵報》是否有進行報導。緊接著是瀏覽韓國新聞，以前我很堅持一定要讀報紙，現在則是透過NAVER或新聞媒體的官方網站確認報導，然後我會再收看韓國幾間主流電視台的新聞，並瀏覽一下臉書。因為演算法的關係，我的動態時報上充斥著新聞報導，加上臉書的朋友們中有不少是記者或記者出身，因此我也會閱讀他們感興趣並轉貼分享的新聞。

大概地做完這些程序之後，就像吃飽了早餐一樣放心，得以展開充滿自信的一天。最近不在新聞上投資時間的人漸漸增加，偶爾我會覺得這些毫不關心世事的人非常新奇。又不是獨自生活在無人島上，在圍繞著我的這個世界裡發生了什麼事，這些人難道不會覺得好奇嗎？

我從小就很喜歡閱讀報紙，對新聞也很感興趣，但是到了美國之後，我才發現那時候的自己根本是井底之蛙。人們壓根不曉得「KOREA」這個單字，當然也就不知道有一個叫做「韓國」的國家存在，而在韓國出生的我就更是微不足道了。我可以透過他們的眼神隱約地察覺到這些，為此我經常無緣無故地感到畏首畏尾，一股不知名的鬱憤也從內心深處湧上心頭。大概在二〇一〇年以前曾於國外生活過的人，都會有類似上述的經歷。韓流、三星，的確讓韓國的國際地位提升了許多，但是從外部來看的話，韓國依舊是個邊陲小國。

在這個小小的社會裡，每當看到那些分黨結派，排斥他人和自己不一樣或是比自己更優秀，然後反而限縮了自身世界的人，我就會對於他們沉溺於井底王國，以致於看不到更寬廣的世界而覺得惋惜與同情。只要稍微後退一步，用更遼闊的視野來環顧周邊，那麼看待他人的觀點就能變得更加從容。「只有我是對的，你是錯的」，不管雙方如何爭執，我們生活的領域在這世上都僅是彈丸之地，可是有一部分人卻彷彿在培養自己的勢力，把殲滅敵軍當成宿命一般，韓國這樣的社會氛圍，就我個人而言覺得非常鬱悶。

此外，還有一件事讓我覺得十分遺憾，那就是韓國媒體並未充分地報導國際新聞。在泰國少年足球隊被困事件發生時，現場沒有發現任何一名韓國記者。我想著或許只是自己沒看到，回國後詢問了周邊的媒體朋友們，但韓國國內沒有一家媒體直接派遣記者到當地取材。在泰國有安排特派員的大型媒體公司，不是在現場而是在首都曼谷將消息傳回本社，大多都是收到路透社或美聯社的報導後進行轉述。

為什麼韓國沒有派遣記者到現場，至今仍舊是個疑問。雖然這並不是有數百人喪生的大型災難或災害事件，但年幼的孩子們被突然灌入的暴雨困在洞內，處於生命危急的狀態；而且在將他們救出的過程中，切切實實地展現了人類對同胞的愛，是奇蹟一般的事件，更受到了全球的矚目。以我的標準來看，沒有什麼報導內容會比這個更好，但韓國的媒體究竟是以什麼基準來判定新聞價值，才會連派遣記者都沒有，甚至連事件的相關報導都很少，至今我仍然無法理解。

除此之外，還有很多受到全世界關注的新聞，但在東方卻很少被報導，也許正因如此，社會大眾才會對自己國家以外的事情如此缺乏關心。現在，我們需要定期檢視自己是不是只把視野侷限在國內，且在那之中又變得愈來愈狹隘。

最後，希望我們在認知自己是哪國人之前，不要忘了自己也身為地球人，屬於這個世界上的一份子。世界一天天變得愈來愈小，發生在地球另一邊的事看似與我毫不相干，但其實經常會因為蝴蝶效應，連帶地對自己產生影響。

懂得多就看得廣，看得廣的話就理解得深。當然，我們無法走遍世界各地，也不可能親自去體會世上的每一件事。然而，對我們來說還有「新聞」，能夠不必直接行動或花錢，就得以拓展視野的方法便是「新聞」。我們的社會正走往哪個方向、圍繞著我們的國際情勢又是如何發展，透過新聞可以培養自己的眼界。就算生活在蕞爾小國，且大部分的時間都在辦公室裡度過，但利用這樣的方式亦能開拓自己的世界。

主動地探索和學習

事實上，現在的世界已經不需要被動地等待新聞來到我們面前。如果自己感興趣且想要多了解的話，只要點擊幾下滑鼠，滑幾下手機頁面，世界各地的新聞不管要多少都可以找得到，這點不知道有多方便。面對傾洩而來的新聞，是不是反而會感到卻步呢？這時候最好的方法就是選擇有名望、值得信賴的新聞媒體觀看。就算無法全部讀完，也希望你能訓練自己大致地瀏覽一下新聞標題，然後如果看到感興趣的報導，能夠進一步仔細閱讀更好。

偶爾拿著《紐約時報》、《華盛頓郵報》等英文報紙，看起來就彷彿在虛張聲勢，但就算只是裝裝樣子也很好，透過拿著報紙養成瀏覽新聞標題的習慣並沒有什麼壞處。不僅是國際新聞，活用 Netflix、YouTube 等平台搜尋國外的優秀紀錄片，也有助於拓展視野並跟上潮流。

看新聞時雖然可以加入翻譯字幕觀看，但既然已經在看國外的影片了，就順道學一下英文吧。英語成為世界通用語言已有很長一段時間，現在如果連一點英文都說不出來的話，走到哪裡都會覺得很不方便。與年齡無關，只要稍微能讀懂一些英文，世界就會變得無比開闊，因為用英文產出的訊息量非常大。像現在這樣資訊相當重要的時代，多學會一門語言，將比單純學會一門技術還要更具有優勢。

當然，學習語言並不是那麼容易的事，我也因為英文的關係吃了很多苦。雖然小學時在美國生活了幾年，但在那之後我是在韓國長大，所以除了發音還不錯之外，和只在韓國接受教育的普通學生們沒有什麼區別。用英語進行日常對話時看起來還算過得去，但要在美國的大學裡完成學業仍舊遠遠不足，要聽懂全部的課程內容就已經非常吃力，作筆記時更是難上加難。現在雖然可以用智慧型手機錄音再重播，但那時因為連錄音設備都尚未普及，當下錯過的已無法再回頭。

在不得已之下，我只好向室友求助借筆記來看，但總不能這樣一直依賴他人。如果想要克服自己的弱點，除了更加認真念書之外別無他法。很多人經常問我學習英文時有沒有什麼特別的方法，只要不是天才，學習英文的成果當然取決於自己投資了多少時間與努力，而在那當中有三個核心要點。

第一，必須要多熟記單字。就像所謂的「抄寫」一樣，我在單字練習本上反覆地抄寫，把單字背得滾瓜爛熟。不是只用眼睛看，要一邊用手抄一邊背，這樣效果才會好。第二，要多接觸然後變得熟悉。多觀看用英語錄製的影片，並且大量地閱讀英文文章。同一篇文章我會閱讀三次，在反覆看了兩遍之後，第三遍我會用嘴巴讀出聲音。最後，除了獨自努力學習之外，還要實際在生活中運用能力才會進步。這個階段最重要的就是面對外國人時，要能夠「有勇氣接近」，反正身為外國人，就算發音有點奇怪或語法不正確，對方也不會因此而加以批評，所以千萬不要感到害怕，應該積極主動地打開話匣子。哪怕只是一句話也好，只要願意嘗試用英語多表達，實力自然而然會向上提升。

我很清楚英語不是在短時間內就可以進步，所以在學習語言之前，懂得對周邊的世界抱持關心、開放的態度更加重要。而且在學習其他語言時，前提也是要對其社會與文化敞開心扉。

或許有人會質疑：自己國家的問題都已經堆積如山了，哪裡還有餘力去關心其他地方的事物？事實上，在歷經戰爭及獨裁統治的苦難時期，的確很難把注意力轉移到國外，但現在我們已經堂堂正正地成為了這個世界的一員，並且得以盡一份心力。就算是為了自己、為了往前更邁進一步，希望大家能夠具備從容與自信，去看看四周那些更遼遠廣闊的大地。

不要害怕主張自我觀點

從小，我聽到最多的評價就是「你有很強的自我主張」，雖然這是與生俱來的性格，但其實也和我幼年時期在美國度過有關。在美國就讀小學時，最常聽到的一句話就是：「What do you want?」（你想要什麼？）這樣的提問。年紀還很小的孩子因為玩具打架時，老師也會一個個地問孩子：「What do you want?」當孩子們各自說出想要的東西之後，老師會以此為基礎來教導孩子們妥協和調解。如果在那樣的情況下扭扭捏捏，無法表達出自己想要什麼的話，就會被認為是非常內向的孩子，或可能在智力方面有所不足。在上述的環境裡接受教育，將我訓練成不管在何種情況下，都能明確地提出個人意見。

其實，現在偶爾也會聽到某人對我說「你真的很有主見呢」，在東方的文化裡，很多時候會難以區分這樣的評價到底是褒還是貶。不曉得現在是否已經有所改變，但在不久之前，東方社會上還普遍存有這樣的觀念：女性們只會把想法放在心裡，不會強烈地表現出來；「文靜型」的女性被視為模範，自我主張強的女性則被認定為「很強勢」。每當我聽到那種話就會這樣解釋：

「我只是不害怕表現或傳達自己的想法，在這方面不會感到猶豫而已。『自我主張強』這句話，一般是用來形容強迫對方接受並貫徹自己的意見，以致於越過了雙方的界線。請問我有哪裡越界了嗎？」

用話語和文字如實傳達意見的方法

每個人都能表達、也應該主張自己的意見，沒有意見就等同於沒有任何想法；而如果不透過語言和文字來表態的話，別人也就無從得知我的心意。有些人會以為即使沒有正確地把自己的意思傳達出去，別人也應該能夠理解我，所以會因為對方沒有察覺自己的心意而感到難過。可是，世界並不會以我為中心運轉，不能期待他人會花時間和精力來推敲我的心思。

在如今的時代，懂得表達自己的想法、傳達意見變得愈來愈重要，未來也將持續受到重視。不管是在學校還是在職場上，討論和發表的能力都被視為首要的技能，而在私人領域裡，需要透過電話或訊息溝通的情況也愈來愈多，在社群媒體上亦需要透過文字來表現自己。因此，能夠流暢地說話和寫作就變得愈來愈關鍵，大眾也愈來愈關心應該要怎麼做才能善於表達。我從事的是用言語和文字來向人們傳達訊息的工作，因此想在這裡和大家分享我的經驗。

首先是用「言語」來傳遞訊息的方法。和學生們交談過之後，我發現即使成績優秀或就讀名門大學，卻仍不能用言語正確表達己意的人，遠比想像中還要多，我不只一兩次為這種情況感到訝異；甚至是已經在職場上工作一段時間的人，很多時候也會結結巴巴，無法如實地傳達自己的想法。對於這種類型的人，我想要提供以下三個小訣竅：

1 說話時，要從頭到尾都清清楚楚

不管是說話還是寫作，有些人會含糊其辭而無法完成整個句子，經常愈說愈小聲，喃喃自語地不知道想表達些什麼，也讓人理解起來相當困難。這種情況，可能是因為對自己的想法沒有自信，也有可能是擔心別人不知道會怎麼想，所以不斷地在察言觀色。如果有這樣的習慣，建議先在腦海裡把自己的想法確實整理一遍後再開口表達。此外，我也很推薦一邊看書一邊練習唸出來，只要願意試試看這個訣竅，我敢保證一定會獲得顯著的效果，並因此覺得相當滿足。在文章的一開始刻意地小聲讀，然後練習愈往後就愈大聲地唸出來，這是一定要記得的重點。

2 裝可愛的娃娃音沒有助益

我從小就受到這樣的教育長大：女生講話不能大聲，說話時要親切和藹。一路下來，我已經習慣了把音調提高、用女性化的語氣說話。然而，在我接受用英文朗讀新聞的訓練時，卻被指責「不要刻意裝可愛，尤其是說話時不要提高音調」，令我感到困惑不已。後來，我隨身攜帶錄音機，持續練習說話的語調和語氣，現在講英文時才能自然而然地維持在中低音。不過，我在用韓文說話時依舊會蹦出高一階的音調，大概是長期養成的習慣沒有那麼容易改吧。

娃娃音或是過度嗲聲嗲氣的話，無論如何都會讓人覺得看起來不夠專業。雖然有些人是天生的嗓音，但也有很大的機率是來自於長期學到的習慣。比起用參雜著假音的細弱音調說話，試試看加入一點力道，努力地發出更準確的聲音吧！

3 切忌高聲喊叫

有些人會誤以為「在聲音裡加入力道，就是要無條件大聲說話」的意思。然而，很多時候輕聲且有力地說話，其實更能夠喚起迴響。不分時間和場所大聲講話的人，會使周邊的人感到疲憊，雖然有些人會表示自己本來就嗓門很大，但我認為只要有意識地去克制和訓練，一定也能夠改過來。

那麼文章又應該要怎麼寫呢？我不是文學作品的創作者，而是負責撰寫具有邏輯性的文章，所以想對此提供幾項建議。讀大學時寫的論文、在公司裡寫的報告，以及身為記者所寫的報導等，全都屬於邏輯性的寫作。

為了把文章寫好，我所掌握到的方法如下：首先，必須要多讀一些優美的文章，這點似乎不管在哪個領域都適用。如果是音樂製作人的話，那麼想要編出悅耳的曲子，就得要多聽一些音樂作品。選擇自己感興趣的領域，愉快地多讀些佳作，那麼自然而然就能體會文章寫得好的結構與脈絡。

其次，在下筆之前，必須在腦海裡充分地進行思考與修整。文章最終的目的是為了抒發己意，如果沒有辦法破題的話，那麼無論技巧如何出色，都難以寫出好的文章。首先，要選定自己想敘述的主題，若寫文章的人想傳達的內容不明確，那麼閱讀文章的人也會覺得「這個人到底想說什麼」，而無法理解作者的意思。如果沒有事先定好中心思想，在寫作時就會搖擺不定，最後只好草草地畫下句點。

第三，想好了主旨的話，就要決定應該把主旨放在文章的哪個位置，是要把中心思想放在開頭，還是要把它置於結尾？主旨放在文章開頭的方式稱為「先總後分」，意即先表明中心思想後，再針對自己為什麼那麼想，逐一羅列根據和理由。而把主旨放在文章結尾的方式稱為「先分後總」，意即在前半部先敘述現象或分析等，最後才點出中心思想並加以強調。這兩種方式，會根據作者的寫作風格有所不同，而我主要是採取「先總後分」的架構。接下來，必須要在腦海中練習整理文章的起承轉合。如果是針對某一事件進行寫作，就要先想好該事件的起因與結果然後再下筆，如此一來脈絡才會順暢，讀者也比較容易理解。

最後再補充一點，所謂「自我主張強」的人，指的不是滔滔不絕地提出自己的意見。既然已表達了己見，就應該也聽聽他人的想法。在與人們交流意見時偶爾會發生爭執，但即便是那樣我也很享受，更會和親近的朋友互相提出不同看法，展開熱烈的討論。與那些和我抱持著一樣想法，只提出類似意見的人對話也許很輕鬆，但卻一點也不有趣。擁有各種「自我主張」的人你爭我辯——我喜歡那樣稍微嘈雜一點的世界。

讓他人知道我正在做的事

這是在二〇一八年韓國平昌冬季奧林匹克運動會時發生的事。在奧運會閉幕的那天，記者同事們決定舉辦慶功宴，我雖然不怎麼想參加，但因為記者同事麥特・古特曼（Matt Gutman）不斷遊說，所以最後我也跟著前往了酒席。我們圍坐在小小的酒吧前喝著啤酒，接著我便和麥特單獨聊了起來。當時他對我這麼說：「多來參加一點這樣的聚會吧！」然後又補充道：

「還有，也多發表一點你的想法。」

我感到很訝異，因為我以為自己平常已經提出了很多意見。接著，他談到了我發電子郵件的方式。如果我對某個議題有想法，通常會把相關的資料等寄給編輯部，若編輯部也覺得內容很好，大家都應該看一下的話，就會再把信件轉寄給所有人。特別是關於北韓的議題，因為沒有人比我更了解，所以經常發生那樣的情況。而麥特的話意思就是：既然你可以判斷得出該內容最好大家都讀一下，為什麼不一開始就寄給所有人呢？對此我回答道：「因為那是對主管的禮儀，如果編輯部認為大家都需要那份資料，就會再轉寄給大家，我只是出於這樣的想法而已。」

「就我看來，你好像只是過於害羞才會那樣做，再多發表一點自己的意見也沒關係的。」

聽完他的話我瞬間愣住了。

「啊，在他們的文化裡，原來會這麼想啊！」

其實仔細回想，就算是不怎麼重要的事，社內記者們也很常會把信件發給所有人。因為那樣的郵件讓人覺得厭煩，也彷彿是在誇大包裝自己所做的事，所以我並不想依樣畫葫蘆。聽完我的想法後，麥特如此說道：

「大家會去區分哪些是重要的內容，哪些是無關緊要的信件，而且你寫的基本上都是重要的訊息，就堂堂正正地發給所有人如何？」

他說的話很有道理，在那之後，如果碰到應該通知大家的情報，我就會按照麥特說的直接發信給所有人。原本我還擔心編輯部或同事們會不會不滿，為此稍微緊張了一下，結果完全沒有聽到任何一句抱怨，由此可見麥特說的果然是對的。而最重要的是，我非常感激麥特給了我這樣的建議，在競爭激烈的記者之間，一般不會互相給予建議，看得出他是真心為了我好才告訴我那些。

偶爾也需要成為「求關注」的人

關於這件事我有兩項體會：第一就是在結束工作之後，偶爾也要參與一下慶功宴，才能聽到那樣的建言；第二是我需要懂得在某種程度上表現自己。在西方社會裡，有效地行銷自己也被視為重要的能力之一，與西方相較之下，亞洲社會將謙遜看作是美德，似乎覺得推銷自己是令人感到臉頰發燙、難為情的行為。如果看到一個力求表現、大肆宣揚自身成就的人，就會譏諷對方是「求關注」，或者覺得他看起來很惹人厭。因此，我們會擔心說出來的話，會不會平白無故讓人聽起來像在大放厥詞，又或者會不會因為表現得太突出，就被人視為眼中釘。

我在招募實習生進行面試時，也經常可以感受到上述的文化差異。累積較多國外生活經驗的朋友們，能夠抱持著平等、磊落的態度，面對擁有人事決定權的我，他們懂得介紹自己的履歷，有時甚至會把不怎麼特別的經歷進一步誇大。

與此相反，在東方念書的朋友們很多時候顯得較為畏縮，甚至不敢直視我的眼睛。雖然擁有許多優秀的經歷，但即使我製造機會讓對方自我推薦，多數人也會表現得扭扭捏捏。

希望我們都可以更相信自己，並且懂得加以展現。這裡指的並不是要無條件地誇大其辭，或是用虛假的謊言來自我行銷，而是要能客觀地掌握自身優點，然後積極地表現出自己的優勢。無論是組織還是社會，都是在互相的關心與認可之下持續運作。

李舜臣[6]將軍在去世前曾經說過：「不要讓敵人知道我的死訊。」而我則是想這麼說：「把我做過的事告訴『合適的對象』吧。」[7]這裡所謂的「合適的對象」，指的是那些可能對我的工作產生影響的上司、同事或相關人士等等。

不管我擁有多麼出色的經歷，完成過多麼了不起的事，只要我不說出來的話，就難以充分地傳達讓他人知曉。假設自己在某個聚會場合上，遇到了某間公司的人事決策者，而自己一直以來都很想進那間公司，那麼就必須要在互相打招呼的那簡短時間內，告訴對方自己具備什麼樣的能力，以及想從事什麼樣的工作。可以期待某個人會跳出來幫忙稱讚我，或者對方總有一天會知曉並認可我的能力嗎？基本上沒有那樣的機會。

有一個概念叫做「電梯簡報」（Elevator Speech），指的是從搭上電梯到電梯門打開為止，在大約六十秒的簡短時間內宣傳自己。原本意指必須在電梯裡牢牢抓住投資者的心，出自好萊塢電影導演們之間的用語。

如果是準備就業的人，就把對象設定為人事決策者；若已經是職場人的話，就把目標訂為讓上司能夠對我留下深刻印象，試著準備看看一分鐘左右的簡報。即使不屬於以上兩種情境，也可以試著練習簡短地自我介紹，未來在某個時間點或某種情況下，一定能夠發揮作用。先決定好自己想向對方傳達什麼訊息，再結合足以支持該訊息的情報，創造出令人印象深刻的簡介。

現在已經不是一輩子都在同一職場工作、用時間來證明自己能力的時代了，而是自我推薦能力相當重要的「自我行銷」時代，且相信在未來的世界裡，自我行銷也將更加受到重視。

6 朝鮮王朝時期的名將。日本入侵朝鮮時，李舜臣將軍曾數次戰略性地於海上擊敗日本人，死後被譽為民族英雄，現今於首爾光化門廣場及釜山的龍頭山公園，皆建有李舜臣將軍的銅像。

7 在韓語中敵人的「敵」（적）與適合的「適」（적）發音相同，故作者以此為類比做延伸。

善用眼神的力量

ABC新聞韓國分部每六個月就會招募一次實習生，面試時我最注重的就是應徵者的眼神。也許有些人會覺得用眼神來下判斷過於模糊和主觀，但這是我長期從事記者工作所領悟的方法，可以在見面後的三分鐘之內，大致掌握對方是個什麼樣的人。單單從表情和步伐、握手的方式、問候語等幾個方面，就可以看出對方是積極還是消極的類型，是攻擊性強或是防禦心重的人。

其中，我最看重的部分就是「眼神」，平時如果需要仰賴受訪者言論來進行報導，對方說的話是否屬實就非常關鍵，而這時必須透過「眼神」來判斷真偽。無論眼睛是小是大，眼神都傳達出很多訊息。一般在面試實習生時，因為應徵者年紀都還很小且沒有社會經驗，所以在各方面都會有所不足，像是應對進退不夠幹練、服裝不合時宜，或是說話有可能結結巴巴。然而，這些部分都不會成為什麼大問題，只要在面試合格後加以訓練即可。

不過，「眼神」並不是透過教學就可以輕易改變，因為眼神反映了人的心理狀態。有句話說：「眼神是反映內心的明鏡」，這話說得一點也不錯，也有人說眼神代表了一個人的靈魂。透過虹膜可以診斷出疾病，也可以用來解開鎖定裝置，由此可見眼睛透露了很多關於人的訊息。而人的真心與熱情，也會透過眼神原封不動地傳達出來，觀察一個人的眼神，就可以知道他對我是懷有警戒心還是好感。而透過眼神，也可以感覺得到對方是真的想做這份工作才來應徵，或者只是出於好奇才來參加面試。如果資歷優秀，面談過後也覺得對方的知識水準相當卓越，可唯讀眼神看起來呆滯且枯燥乏味的話，我就會重新考慮要不要錄取這個人。

用眼神承載真心的方法

了解到眼神的重要性，是在ABN接受攝影鏡頭測試，第一次參與播報新聞訓練的時候。當時由身兼主播和新聞局長的麗妮特・利思戈負責訓練，我站在攝影鏡頭前念了幾則新聞，然後再透過螢幕進行確認。

麗妮特把我出現在畫面上的臉用紙張遮住，在只露出眼睛的狀態下把聲音調大。接著，她要我觀察自己在播報新聞時的眼神，那樣的眼神是在傳達難過的消息、轉述趣味十足的現象，又或者只是在陳述一件事實而已，並且要我聽聽自己的聲音。

不管是事件還是事故，我讀各種新聞的眼神看起來都一模一樣。既要播報新聞，又要顧及在鏡頭拍攝下的表情，還要隨時注意導播室從耳機下達的指示，在已經忙得暈頭轉向時，還被要求得留意自己的眼神，當下真的是不知所措。但在那之後，我觀察了其他主播或記者的報導畫面，領悟到播報新聞的力量正來自於眼神。優秀的主播和記者即使被關掉聲音，只看畫面也可以分辨他們正在播報的是愉快的消息或是悲傷的新聞。

麗妮特教了我一個訣竅，就是用「視覺化」（visualization）的方式，將新聞內容在腦海中影像化，然後去感受我正在播報的事物。因此，我在新聞稿出爐之後，便事先讀過並在標題的上方標示「難過」、「喜悅」、「憂慮」、「期待」等心情種類，接著在播報新聞之前，將新聞稿的內容如影像般進行回想，然後一邊視覺化一邊陳述。就像這樣，我持續幾個月接受訓練，將播報新聞的畫面錄下來並接受評價。有時候我也會在家裡戴上口罩，在只露出眼神的狀態下看著鏡子進行練習。

就算不是和我一樣工作時必須站在攝影機前，在進行發表、於會議上提出自己的意見、接待顧客，或者只是單純地與客戶見面打招呼時，眼神都相當重要。如果是正準備就業的人，更是要格外留意。舉例來說，向顧客或客戶道歉時，如果對方感覺不到我的真心，就要重新檢視一下自己的眼神是否有好好地表達出心意。

平時因為天生的表情而經常被誤會，或是因為人們不理解我的真心而感到苦惱的話，那麼就試試看我確實見證到效果的「視覺化訓練」如何？在家裡對著鏡子練習看看各種眼神吧，這裡並不是指訓練演技，而是要利用眼神直率地表現出內心的想法。如果很難判斷自己的眼神，那麼向能夠坦誠以對的親朋好友們請教，也是一個不錯的方法。

若能透過眼神表達自己的感情和真心，那麼就相當於獲得了最佳的溝通手段。

未來是留給準備好的人

過去我們生活在沒有網路和手機的類比（analog）時代，而如今，那樣的時代就像是夢一般，世界改變了如此之多。現在回想起來，甚至還會感嘆那個年代沒有網路和手機究竟是如何生活的，世界變化的速度非常快。而現在，全新的變革又再次於我們的眼前展開。

第四次產業革命，將改變我們所有人的生活。或許有人會說現在都已經為了生活忙得焦頭爛額，哪裡還有時間去顧及那些，但世界趨勢的變化，最終也會對我賴以維生的工作和日常造成影響，甚至我們目前既有的職場和房屋概念，也都有可能變得完全不同。現在已經誕生了不受時間和場所限制的「數位遊民」（digital nomads）[8]工作型態，也有人選擇在共用辦公室工作，或者是利用Airbnb，每隔一段時間在不同國家生活一個月。因此，現有的工作和居住型態並非會永遠保持不變。

就像是下雨時，連一粒小沙子都會被淋濕一樣，世界的變革也會滲透到我們生活中的每一個細節。因此，對於世界朝著什麼樣的方向變化，我們必須隨時保持敏銳的洞察力，並且將世界和我連起來思考。

我不停止學習的理由

對於新時代的來臨，恐懼、期待、激動和不安等各種觀點似乎全都存在。由於無法阻擋席捲而來的浪潮，因此事先做好應對準備，就是個人所能做的最大努力。初次聽到第四次產業革命的事情時，我也對此不太了解，於是開始下工夫學習。平時我會查閱相關的新聞，空閒或休假時也閱讀了很多主題書。第四次產業革命到底是什麼、會出現什麼樣的技術、世界又會如何變化，以及因為該技術人們的生活會發生怎樣的改變、身處韓國的我何時會接觸到那樣的技術、該技術對我的生活模式會產生什麼樣的影響等等，這一切都令我感到好奇，因此我盡量地多學習也多思考。

其實，科學技術和 IT 領域對我來說相當艱澀，經常會感到難以理解，說實話我能全部讀完的書並不多，剛開始雖然集中精神想要閱讀，但總是看到一半就忍不住打瞌睡。不過，重要的是至少要能了解時代發展的趨勢，並且努力跟上世界的步伐，只要把主要的話題、概念及關鍵字等記在腦海裡，就能以此為基礎去累積更多知識。

尤其在這次嚴重特殊傳染性肺炎（新冠病毒，COVID-19）的疫情籠罩下，更讓我再次切身地感受到這樣的準備與應對有多重要，並為此進行反省：如果我對病毒的歷史、原因、影響和特性等有多一點的研究，那麼採訪時肯定會更

8 指透過網際網路來工作的族群，通常位於不同城市或是不同國家進行遠端工作。

加容易。從國家的角度來看，不幸中的大幸是韓國在經歷過 MERS 以後，疾病管理中心和衛生局的相關人士們進行了徹底的省察和預防，所以才能在這次的新冠疫情中有效地應對並一路克服危機。

在人類的生活環境與發展速度超乎想像的情況下，在時代中落後是一件可怕的事。據說現在已到了「百歲時代」，我必須要工作到七十歲，也期待自己可以做得到。如此一來，在今後的二十年裡我還要繼續奔馳，要想不落後於人話，就得要持續不斷地學習。提到百歲時代，大家通常會先擔心養老的資本，然而，能夠跟上時代的學習腳步，其實也是對自己未來的重要投資。

幸好，現在的我依然樂於學習新事物，或許有一天我也會覺得熟悉新的東西很麻煩，只想安於現狀，但是在那一天來臨之前，我想要不斷地努力再努力。人最終還是孤單的，我想，就算有家人、配偶或子女，到頭來能為自己負責到底的，其實也只有我自己而已。因此，無論何時我都想盡最大的本分，並且以個人之力立足於世。為了達成這個目標，我正在做最基本的努力。

如今，以一技之長走天下的時代已經過去了，我們不得不重新投入學習。即便對現狀感到滿足，也必須以長遠的角度去看待人生，並且面對其他方向做好準備。在像漩渦一般的世界裡，如果只是故步自封的話，就等同於搭上一艘即將沉沒的船隻。

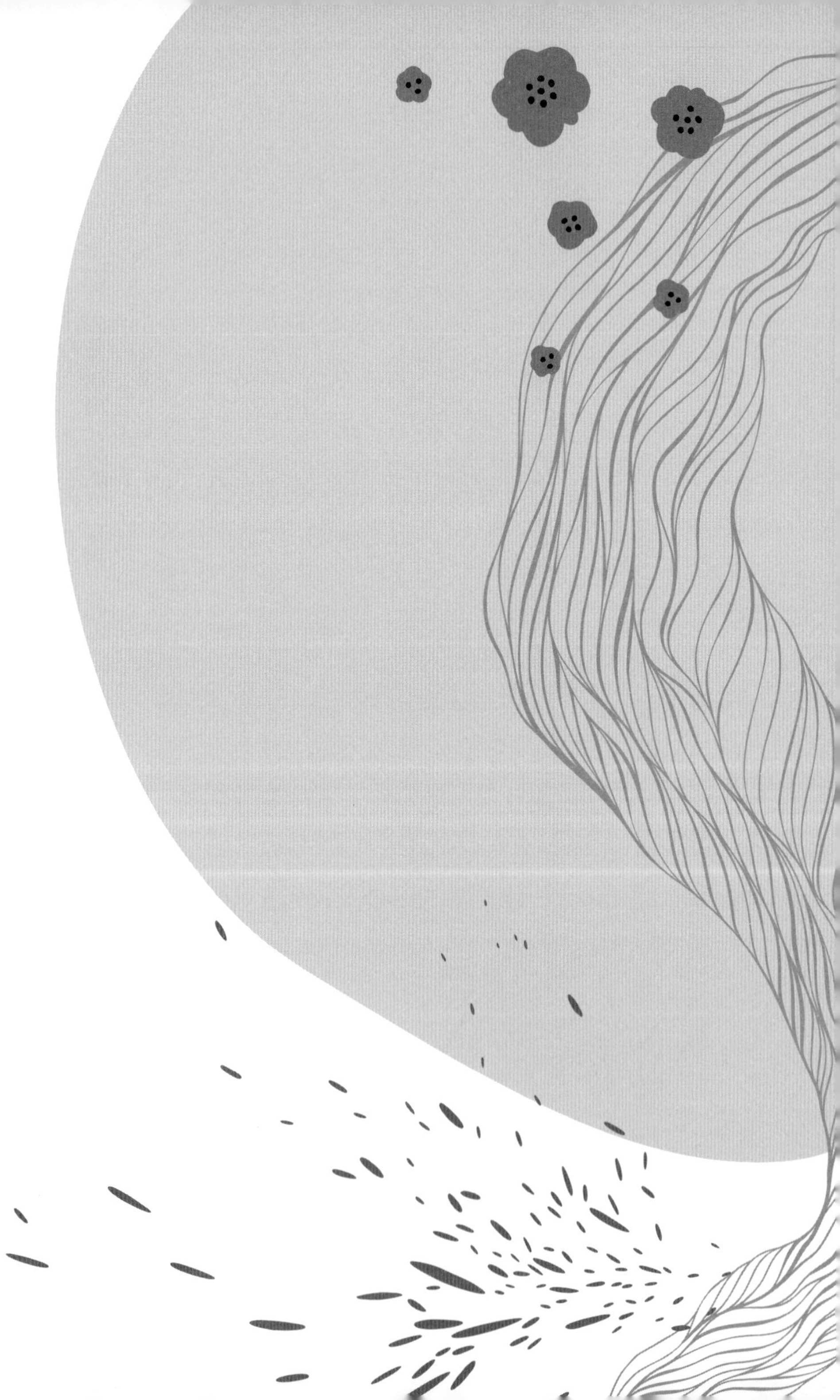

Chapter 5

保持生活和工作的平衡

所謂「工作與生活的平衡」，指的不是要魚與熊掌兼得，而是要劃定現實的界線並予以折衷。若想做到這一點，那麼在職場和社會中，比起「我要爬到某個位置」，更應該將「我想以什麼面貌、怎麼爬上去」視為首要目標。

如何維持生活的平衡

所謂「外電記者」的工作，就是沒有固定的職務內容，二十四小時都要保持敏銳的「觸角」。有新聞事件時要整日奔走取材，而且因為時差關係，必須要在深夜時與美國的總部進行聯絡。長期下來，要保持工作和生活的均衡相當不易，事實上我自己也做不到。在四十五歲以前，和自己的生活比起來，我把大部分的心力都投注在工作上，但對於那段時期我並不感到後悔。在體力充沛的年輕時期，至少要好好地沉浸在工作裡一次，我認為這是很有意義的。因為有那段時間的累積，方才造就了今天的我，而且最關鍵的是我喜歡這份工作，所以並不覺得有多累。

然而，現在的我體力已大不如前，不知不覺在消耗精力的事情上，已經到了要進行選擇與集中的年紀，更重要的是，身體開始向我發出了警訊。身為外電記者，工作時因為和美國有時差，所以經常會日夜顛倒。此外，為了分秒必爭的採訪，要三餐定時也非常不容易。這樣毫無規律的生活模式，長期下來最先出問題的就是腸子，我的腹部總是處於虛寒狀態，腹瀉變得頻繁，體重也急遽下降。因此，我開始意識到不能再這樣生活下去了。

以前我就算在睡覺，也會二十四小時繃緊神經，無論何時只要有電話打進來，我聽到手機震動的聲音就會立刻起身。而曾經那樣的我，最近有時候連電話聲響也沒聽到，仍然沉沉睡著，我自己也對這種情況感到訝異。但不得不承認，現在是時候要懂得有效率地使用能量，聰明地分配體力。

而現在和以前最大的不同，在於我可以適時地對公司說「No」。過去無論身處何時何地，只要公司下達「現在立刻前往某地」的指令，我就會二話不說地趕赴現場，即使正發著高燒，依舊頭也不回地往前奔去。但是，現在如果身體狀態不佳，我可以表示「雖然這個週末去不了，但星期一會去一趟」。這並不是所謂的「傲慢」，也不是抱著現在可以享受「資深」待遇的心態，而是我觀察和調整自己身體狀態後的結果。雖然要經常往返於各國，以及為了和美國總部聯繫不得已需要適應時差，但我即使睡得少一些，也盡量努力讓自己過上規律的生活。

找到屬於自己的生活平衡法

要怎麼做才能消除壓力，並且獲得充分的休息呢？放鬆的方法因人而異，我也是在經過長久苦思、反覆嘗試後，才終於掌握了屬於自己的方法。首先，不曉得是不是因為職業的關係，平常要大量地思考和用腦，所以我的後頸部經常感到痠痛和僵硬，如果接受舒壓按摩的話，至少能好好地睡上一小時。那種時候的「香甜睡眠」，比任何的補藥都還更有價值。有一間我二十年來都固定造訪的按摩店，那裡的院長非常了解我的身體狀況，現在只要一打完招呼，他就可以準確猜中我哪個部位肌肉僵硬，或是腸胃有沒有不舒服等等。因為有重要的新聞採訪而睡眠不足，或是去了一趟偏僻的地方回來之後，我都一定會前往這間按摩店。我經常會想，如果沒有這個地方的話，也許我會因為體力不堪負荷而早早地放棄記者生活。

此外，為了增進血液循環，空閒時我也會做瑜伽和皮拉提斯，主要是接受個別的課程指導。因為我的生活模式本來就不規律，也必須經常往返各國取材，所以沒有辦法報名定期的團體班。皮拉提斯可以訓練核心肌群，我感受到自己站在攝影機前播報時的體態變得比以前更好。在進行現場直播時，通常要經歷很長的待機時間；如果有重大新聞發生，每個小時也都要進行報導，非常考驗腰部及腿部的支撐力，而這時就可以充分感受到做皮拉提斯帶來的好處。皮拉提斯只有一項缺點，就是上課時間很累又稍嫌無趣。

相反的，瑜伽主要講求吐納的呼吸法，透過冥想可以放鬆全身的緊張感，效果滿分。聽著瑜伽音樂集中注意力的話，九十分鐘一下子就過去了。我長期接受瑜伽訓練，播報新聞時聲音變得穩定許多，且最棒的是在課程結束之後，經常感覺身體像是要飛起來一般，變得輕飄飄的。而因為肌肉量似乎減少很多，我也同時進行了重量訓練。

此外，我人生中最快樂的時光就是打高爾夫球，從在美國留學時開始我就相當熱衷於這項運動，在精力過剩、需要腦內啡時以及休假期間，我一定會去高爾夫球場。在公司裡我也是個有名的高爾夫球狂，但每當我休假離開崗位，就一定會接到北韓試射飛彈或是核爆的消息，要求我盡快回到編輯台前，因此以前的公司主管調侃我有「高爾夫休假魔咒」。幾年前我去越南進行高爾夫球之旅時，也發生了馬來西亞航空的飛機在飛航途中突然失聯的事故，最後我提著高爾夫球裝備直接飛往現場。我還記得當時因為正在度假，所以沒有攜帶適合上鏡的服裝與化妝品，還匆匆忙忙跑去購買。

由於我負責的是亞洲地區，所以經常往返不同國家，但大部分都是被派往發生災難或災害的地區，因此在休假期間，我會去可以讓自己的身體和心靈感到愉悅、具有美麗風景的舒適場所。比起在很短的時間內走遍各個景點觀光，我更喜歡長時間在舒服的住宿設施裡停留，盡情放鬆休憩。

最近我因為想挑戰新的嗜好，去上了繪畫和料理課。不過我最喜歡的還是從事帶有一點動態性的運動，或者是一整天觀看 Netflix 上架的最新人氣影集，兩者的並行能夠讓我更加享受，這是我再次確認且獲得的寶貴經驗。

工作與生活，與其兼顧不如選擇折衷

每個人都要能找到適合自己的休息方法，這點相當重要。有些人是用激烈的運動來消除壓力，有些人則是透過購物來放鬆。就個人而言，我們很難馬上改變工作時間，必須要完成的家務事也難以推遲。但是，尋找能夠有效緩解自身疲勞的方法，卻是每個人都可以做的事。因此，希望大家都可以找到屬於自己的紓壓方式——選擇對自己健康有益的更佳。

在我周遭的朋友裡，有很多人在社會上取得了成功，但是後來卻失去了健康。因為抱持著一定要成功的信念，所以不僅僅是自己的生活，連健康也都忽略。雖然達成了目標，但每個人最後都會面臨退休。根據某個好朋友的說法，他這輩子比誰都還要更努力地只看著前方奔跑，然後爬到了最高的位置，但退休之後卻只剩下累垮的身體，以及「我曾經擁有過那樣的地位」之類的回憶。其實，與失去健康相比，工作做得少一點、不那麼追求出人頭地，降低這些目標值是相對可以承受的，也是應該要可以承受的犧牲——這就是所謂工作與生活的平衡。

所謂「工作與生活的平衡」，指的不是要魚與熊掌兼得，而是要劃定現實的界線，並予以折衷。若想做到這一點，那麼在職場和社會中，比起「我要爬到某個位置」，更應該將「我想以什麼面貌、怎麼爬上去」視為首要目標。我的哪一種面貌會讓自己更加幸福？什麼樣子會讓丈夫和孩子們為我感到驕傲呢？向著那樣的自己折衷前進的過程，就是我所認為的工作與生活的平衡。

讓我總是感到悸動的熱情

偶爾會有人問我：「如果不當記者，現在可能會從事什麼職業？」但我無論怎麼想，腦海中都沒有答案。在我很小的時候，曾經立志要當總統，也想過要當媒體人，接著又莫名地夢想成為主播。然而，在我真正進到新聞機構裡之後，才發現比起主播的位置，在現場跑新聞的記者角色更讓我心跳加速，至今那股悸動仍然刺激著我。

從大學時開始，我就擔當了外電記者的角色。當時韓國正如火如荼地進行民主化運動，一旦出現相關新聞，美國朋友們就經常會問我韓國發生了什麼事，而我就會逐一地說明。在就讀大學時，我利用了兩年的寒暑假於 CNN 進行口譯實習，工作內容主要是前往韓國的示威現場並採訪，因此向外國人轉述韓國新聞的能力也增進了許多。

拿到碩士學位後，這二十五年來我做為記者投入現場，從來都沒有感到懷疑或後悔過。因此，我認為記者這項職業與我的性格十分契合，甚至覺得這就是我的天職，對於被賦予這樣的機會與能力，我懷抱著無限感激。夢想成為記者的學生們，經常會問我做為一名記者需要具備什麼特質，不過，就算沒有與生俱來的記者資質，也完全可以透過後天的努力來創造。雖然我天生的個性對記者生活很有幫助，但很多時候也是歸功於不斷地努力。那麼，記者應該磨練哪一方面的素質呢？

後退一步，展望全局

首先，記者必須要在很短的時間內迅速掌握議題，因此即便研究得不夠深入，也要廣泛地涉獵各種知識。若能在各個領域都累積足夠的素養，那麼無論投入哪一個現場，都能盡快地把握主題並進行採訪。

二〇〇八年，緬甸因為熱帶氣旋發生嚴重的災害[9]，當時我緊急前往事故現場，但除了飛行期間之外，沒有多餘的時間可以準備採訪。幸好平時我就會透過新聞熟悉緬甸當局發生的問題，三十年前在大學稍微接觸過的東南亞史，也在此時產生了助益。然而，僅憑那些知識還是不夠，所以我在飛往緬甸的航班上臨時抱佛腳，進一步掌握緬甸這個國家的基本情報，以及歷史、焦點話題等等。

要想做到這一點，平常除了閱讀書籍外，還必須藉由觀看各種媒體來習得有用的知識或情報。對記者而言，一天二十四小時都在學習，全世界都是學習的對象，得充滿好奇。我屬於對所有事情都感到好奇的類型，碰到了就會去讀、去學習。即使當下覺得沒什麼必要，但現在我所掌握的這些知識，或許在五年、十年後的某個時間點能夠派得上用場。

9 二〇〇八年五月二日，強烈颱風納吉斯橫掃緬甸南部的海岸線，造成當地有史以來最嚴重的自然災害。

記者不管在何時何地都是「異鄉人」，必須要以客觀的角度來看待、報導事件，所以無論走到哪裡，都要盡可能地將自己抽離群體，在不被該事件同化的狀態下，訓練自己可以「後退一步」去觀察整體情況。在進行採訪時，記者偶爾會目睹慘絕人寰的場面，受到的衝擊有可能會久久不散，也有可能會累積成心理創傷。那些平凡人一輩子都不一定會經歷的事件，記者們卻因為職業特性，時常得前往事發地點附近。因此，如果將在採訪現場接觸到的煎熬、苦難或是悲傷的情感長久地埋在心裡，就必然會招來個人不願意看到的結果。

幸好，我的個性是不管好的記憶或是壞的記憶，都不會特別地存留太久。與其不斷咀嚼過去的事或因此感到卻步，我會更把時間和精力投注在「以後應該怎麼做，才能把某件事完成得更好」。此外，不曉得是不是因為職業的特殊性，我會盡快把過去的事情放下，如此一來才能有心力集中在新的事物上，所以經常會以令周邊朋友都訝異的速度，迅速地把過去的情感整理乾淨。

若以這樣的脈絡來看，「記者」也可以說是不必長時間專注於同一件事的職業。就新聞的概念來說，主要是圍繞在當下大眾感興趣或者必須了解的內容，當該報導結束後，又會馬上把焦點轉移到另一件事情上。因此，就像「時間久的新聞就不是新聞」這句話一樣，記者必須要馬上整頓好以迎接新的報導。

態度可以經由練習來培養

最後，記者必須要具備觀察、洞悉受訪者的能力，以確認對方說的話是否出自真心。做為外電記者，無論到哪個國家，都必須要堅守異鄉人的立場，但同時也要發揮自然而然融入當地的技巧，因此對記者來說，溝通能力是非常重要的必備條件，這點以前也曾經在書裡提到過。記者並不是單純的「傳達者」，必須要能夠成為「優秀的溝通者」（Power Connector）。如果說「傳達者」是純粹轉述話語的人，那麼「優秀的溝通者」就是在與任何人對話時都能夠「聊得來」。

若想成為「優秀的溝通者」，首先在「讓他人如何認識自己」這方面，必須要樹立明確且堅定的觀念，也就是說個人的「風格」——初次見面時的態度與行為，會形成很大的影響。唯有讓對方留下好的第一印象，之後的溝通才會變得順暢。這裡我想分享幾個在前作中也曾經介紹過的實踐經驗：

1 光明正大地要求握手，並施加一點力道握住對方

在韓國和女性握手，有時會讓人感到尷尬或猶豫不決，如果對方看起來畏畏縮縮，那麼就光明正大地主動先要求握手。在握手時，手掌要施予適當的力道，如果一點力氣都沒有，就會顯得自信心不足或沒有誠意。相反的，如果用力過猛的話，則可能給人一種敵對的感覺。

2 不要將視線從對方身上抽離

在和初次見面的人碰面時，從對到眼神的那一刻起，就不要將視線從對方身上抽離。如果對方正從遠處走過來，那麼不要移開視線，大大方方地朝對方走近。初次和對方交換眼神時，是確立第一印象的重要瞬間。而在與對方交談時，也不要將視線放在其他地方或者掃視周圍，要給人一種看著對方的眼睛、聚精會神的印象。不過，也要記得看著鏡子檢查一下，自己的眼神是不是會讓人感到害怕的那種「天生的瞪眼」。

3 站著的時候要維持適當距離

有一個概念叫做「個人領域」（personal space），人們會下意識地想與他人保持適當距離，特別是對不怎麼熟的人更是如此。我通常會與對方保持八十至九十公分左右的距離握手，如果對方的個子很高，我就會再站得更遠一些。因為若站得太靠近，對方得一直從上方俯視我，就會有種被佔據優勢的感覺。相反的，如果感受到對方抱持著警戒心，為了要打破那道隔閡，有時候我會刻意站得近一點。

4 身體站直好好地與對方打招呼

站立時腰桿要挺直，胸部與肩膀向外擴張。我個人並不喜歡鞠躬時腰彎得過低，對我刻意鞠躬哈腰的人也會讓我升起警戒。同樣的，我也不認同將脖子伸長、輕點下巴這樣的打招呼方式，不僅看起來沒有誠意，也不是對初次見面之人應有的禮儀。打招呼時，要確實地按照與對方的關係事先做出決定，採取適當的角度彎腰低頭，並用充分響亮的聲音逐一問候，如此才是正確的方式。就我的情況來說，在公眾場合時會用「您好，我是趙株烯」開場，在稍微輕鬆一點的情境時，就會用「你好，我是趙株烯」進行問候。而在打完招呼時，一定要再次與對方的眼神對視。

偶爾會有想成為記者的朋友們來找我徵求意見，在如今新聞倫理逐漸崩塌的時代，無論是想在國內或者朝外電發展，對於選擇記者這項職業的後輩們，我都會建議他們先研究一下：「在自由民主主義的社會裡，新聞工作者應該扮演什麼樣的角色，以及必須具備什麼樣的意識」，迫切地希望他們可以在經過深思熟慮後，再踏上記者這條路。

在面試實習生時，我一定會問的問題就是：「為什麼想當記者？」幾乎大部分的人都會依循類似的脈絡回答：「我想成為記者，然後改變世界。」這真是最完美的誤答。改變世界是政治家和社會運動家的領域，記者並不是為了要成名或是看起來帥氣，也不是因為他人認可才從事的職業，不應該擔當提出應對方案的角色。記者只是負責找到足以提出對策的專家，如實傳達他們的想法而已，因此追求的不是看起來有魅力或是可以獲得大眾肯定，而是必須確認自己是否具備記者的資質和觀點。

記者應該比任何人都還要沒有偏見，具備客觀且合理的視角，而在報導新聞時，更必須全面排除「我」的個人意見與存在感。「我」的想法並不重要，因為記者只是傳達大眾或是專家意見的媒介，一定要明確地認知到：新聞工作者不是大肆宣揚自己的見解，然後煽動大家跟進的角色。

死亡和不幸，在那所有生命的節奏中……

二〇一六年四月，再次傳來了災難消息：日本熊本縣發生規模六點五的地震。我收到消息後立即飛往現場，但就在二十八小時後，接著發生了規模七點三的強震。這是繼二〇一一年日本東北地區大地震後，日本氣象廳首次偵測到震度七級的劇烈天災。

為了準備美國ABC新聞節目《早安美國》（*Good Morning America*）裡的報導，我走進做為居民避難所的小學體育館，但立刻就被不安、悲傷與期待交織的氛圍所籠罩，和兩年前採訪世越號沉船事件時感受到的慘淡匯集在一起，讓我的心情一下子跌落谷底。在災難現場隨處可見斷裂的橋樑、倒塌的房屋，隨著頻繁的餘震持續，就連在移動的車子裡也感受得到道路在搖晃，「如果這個時候發生強烈地震的話該怎麼辦？」不安的感覺浮上心頭。

產生類似想法的不只我一人，無論是心臟多麼強的人，抵達那樣的現場都會感到害怕。然而，在我們的組員裡，沒有任何一個人露出不安或恐懼的神情。在移動的過程中，如果有能夠暫時卸下注意力的空閒時間，我們反而會以輕鬆的玩笑話來安慰彼此、緩解氣氛，努力試著消除緊張感。應該說這是一種「戰友默契」嗎？我們互相了解彼此的想法，只要一個人精神崩潰的話，所有人都會一起變得混亂，因此在那個時間點，我們發揮了無須言語的合作精神。不管前往多麼駭人的現場，我們所呈現出來的面貌始終如一。

我認為世事也很類似，愈是碰到危機或是讓自己動搖的狀況，就愈是不要表現出情感為佳。必須盡量只集中在自己的目標以及對我重要的事情上面——這也是唯一的選擇。幸好，我們都還有愛著自己的家人和朋友們，光是這些就已經相當足夠。

自從成為記者後，我目睹了無數次生命的消逝，死亡是最讓人感到痛苦的瞬間——特別是親眼看到剛去世不久的人類遺體時。二〇一四年的世越號事件，對我來說彷如一道心理創傷。二〇一八年泰國少年被困睡美人洞事件發生時，在現場等待救援的期間，也讓我不得不再次想起世越號事件的情景：失控的輿論、焦急等待的父母和家屬、驚慌失措的地區警察和軍人們、從全國各地湧入的志工，以及熟悉水肺潛水的團體……

然而，記者是不能被情感漩渦捲入的職業，在抵達現場看到可怕和悲傷的場面時，如果開始投入感情，就會無法控制地流下眼淚，恐懼自然也會襲擊而來。因此，我在情感即將被動搖時，會盡快豎起一道高牆予以阻擋。與其被現場的狀況捲進去而帶入情感，我選擇依靠理性進行客觀的情況分析。在我面前現在有幾具屍體、他們是以何種狀態死亡、出於什麼原因、救援進行得如何等等，我匯集真相、解釋現場情況然後轉述出去，努力地忠於一個新聞工作者的角色。有人會問這談何容易，怎麼可能做得到？其實這都是經過長期訓練後的成果。隨著投入災難現場的次數愈來愈多，我一邊練習分析事故現場，一邊分辨在當下什麼才是最重要的，並牢牢刻在心裡反覆進行訓練，之後才慢慢趨於熟悉。

近來，不曉得是不是和大眾的溝通變得愈來愈重要，似乎產生了一種記者也要和大家一起哭或一起憤怒，才能獲得民眾響應的氛圍。或許，這樣的記者會受到注目而人氣上升，但我認為真正的媒體人應該不帶有個人的想法或偏見，只針對事實的部分進行傳達。記者是負責將傷亡訊息轉述出去的人，不是要和大家一塊傷心哭泣。如果產生了共鳴，而想與受害者一起難過並宣洩情緒的話，我認為不應該用記者的身分，而是要以個人或是志工的名義前往現場才對。

記者有責任把事實準確地傳達給觀眾們，如果在報導中表露了自己的情感，那麼將會導致觀看該則新聞的人們，也被強迫要接受我的情緒。此外，有情感介入的報導，很可能會被認為是媒體想要引導輿論風向，甚至還有可能演變成意外的煽動。想用這種風格傳達或是接收資訊的人，因為有 YouTube 這樣更適合的媒體平台，其實只要轉移到那裡去即可。

在各種媒體氾濫的時代，必須隨時注意自己收看的輿論媒體，是否有煽動群眾的意圖，並且做出明智的選擇。

悲傷也取決於我如何做出反應

我第一次近距離地目睹死亡，是在十九歲的時候，當時與癌症病魔對抗的母親去世了。在籌備葬禮的過程中，我一直都沒有流下眼淚，並不是因為我不傷心，而是即使我知道母親總有一天會離開，但等到那天真正來臨時，我卻不想承認母親已然過世的事實，而且我也不想讓前來弔唁的人看到我哭泣的模樣。所有人好像都用預想我會掉淚的眼神看著我，但愈是這樣，我就愈加咬緊牙關地忍住淚水。周邊的人都說我是個倔強的女兒，但即使我的年紀還小，也不願意像在展示情感一般地嚎啕大哭，我想讓大家看到我堅強的一面。「媽媽去世得早，真是個可憐的孩子」，我非常討厭人們用這種同情的眼神看待我。

傷心的話就會流眼淚，這是人類本能的反應，但是在成長的過程裡，我們一路學會了克制情感的方法。像是用哭聲來表達抗議的孩子，父母會以訓導來教育他們止住眼淚。此外，我們也根據情況的不同練習忍住憤怒，在學校或職場等公眾場合，更學到了如何調節個人情緒，然後成長為一個懂得分辨時間和場所，進而克制情感表現的大人和社會人士。

社會上有「在某種場合應當要哭」的普遍觀念，雖然在那種時候沒有流下眼淚，就要承受「沒有人情味」的責難，但我認為，能夠選擇自己什麼時候流淚的人，才是所謂真正的「大人」。長期以來我們不斷地練習吞忍情緒，身為大人要根據情況去做出選擇，更何況做為一名記者，就更加要有克制情感表現的能力。

不曉得在人生的旅途中，往後還會有什麼樣的曲折在等著我，但是無論遭遇哪一種挫折，我都希望自己可以從容磊落，堅持不懈地朝著理性的道路前行。

曾是ABC新聞當家主播的鮑勃．伍德洛夫（Bob Woodruff）是我相當尊敬的前輩，二〇〇六年他在伊拉克進行採訪時，因為炸彈恐怖攻擊事件而生命垂危。鮑勃．伍德洛夫的左側頭蓋骨凹陷，卻奇蹟似地活了下來，經過一年多的復健後，重新回到工作崗位。當時公開了他的夫人寫的信，因為太過優美又富有哲理，我讀著讀著不禁哽咽了起來，其中這一段最令我印象深刻：

「我們誰都無法阻止壞事的發生，那純粹是人生節奏裡的一部分，然而，關鍵在於我們如何反應——是選擇更加痛苦，或是讓自己更加進步。一切都取決於我們的選擇。」

年齡意味著成長

不久前我也迎來了更年期，身體突然開始發燙，情感也像蹺蹺板一樣大起大落。雖然每個人都會碰到，但對於女性而言這段期間相當煎熬。幸好我還有工作，不僅日程相當忙碌，眼前要做的事也堆積如山，沒有什麼空閒時間去煩惱其他事。即使處於更年期，也不能在職場和工作上表露個人情感，所以我刻意做更多的工作，就算身體感到疲累，還是讓自己處於忙碌奔走的狀態。

通常要完成一篇報導，必須根據事件的情況進行充分調查，確定了取材方向之後，採訪和拍攝至少需要一天，久的話則大約需要兩週的時間。有時候會同時進行好幾則報導——而我在更年期這段辛苦的時間裡，故意將採訪的量大幅提高。因為我領悟到，若是同時設立好幾個新的目標，就根本沒有時間去為個人的私事煩惱或憂鬱，而更年期所帶來的情緒起伏，也就不會有機會使我屈服和投降。觀察周邊的友人，像這樣必須消化忙碌日程的職場女性，大多比較能順利度過更年期。

據說如果把全部的心力都投注在養兒育女，日後面臨更年期時，可能會對自我存在的意義感到迷惘，迎來一段抑鬱的時期。仔細觀察周邊朋友的情況，似乎愈是想從子女身上獲得替代性滿足的母親，就愈會出現這樣的情形。但願所有的女性們都不要忘記「自己」才是最珍貴的，只有我自己先幸福、健康地挺立，孩子們才能安心地依靠母親。將「為孩子犧牲」視為美德的時代，已經漸漸過去了，我深信，除了關係到生死的問題之外，父母現在不能對孩子有過多的依賴，也不應該將自身存在的價值強加在兒女身上。歸根究柢，如果我自己都失去平衡，那麼家人也會跟著變得不安定。

因此，為了讓自己能夠幸福，無論在做出任何選擇時，都應該要以「我」為基準點出發。希望大家能從現在開始，少為子女們操心，也減少花費在家務事上的精力，多分配一些時間在自我成長和工作方面。「因為對老公和孩子感到抱歉、還要看公婆的臉色……」把這些想法都放下吧，那只是社會和文化強加在女性身上的枷鎖。「上了年紀的話，就一概會被歸類為大嬸或是老奶奶」，我們應該要讓自己從這樣的世俗觀念中解放，在大嬸、老奶奶這類的稱謂當中，既缺乏個人特色，也沒有所謂的個性可言，如此一來，自我認同感也會被束縛在那樣的框架裡。

即使年齡漸長，也要懂得拒絕社會和文化所強加的「束縛」。現在已經把孩子都養育成人了，內心該有多輕鬆啊！正是尋找自我，展翅高飛的最好時機。我曾經讀過美國老年醫學專家馬克．威廉斯（Mark E. Williams）博士的一篇專訪，他也指出工作對老人的重要性：

「自我認同（self-definition）、自信心、社會地位等由工作帶來的滿足感，是不可替代的。」

當然，女性二度就業在現實生活裡並不容易，但此時我們也應該思考一下，自己是不是連對「職業」的觀念，都被侷限在社會和文化所規定的「高低貴賤」

之中。做這項工作的話，看起來會不會很落魄？家人或是朋友們會怎麼看我呢？這樣的想法和認知，只會把自己禁錮在各種偏見裡。

馬克．威廉斯博士雖然提到了老年工作的重要性，但同時也表示強迫自己在退休後仍然要賺大錢的觀念相當危險，對此做出了警告。意即「工作」的範疇應該要包括備選職業、志願服務、對地區社會的貢獻、輕微的體力勞動等多樣活動。就算只是微不足道的工作，也要尋找能夠發揮自己專業能力的地方；或者即使賺不到錢，也要參與可以讓自己感受到意義的活動。無論是義工還是消遣度日的工作，主動去做些什麼這點，至關重要。

但願我們都能放下社會和身邊的人所期待的「我」，果敢地打破對職業抱持的偏見，在自己居住的社區、社會和國家裡，尋找能貢獻一己之力的地方，將工作的目標昇華為自我滿足。只要能卸下自卑感和自尊心，不以達到他人期待為目的，能使自己變得更好的工作其實無窮無盡。

比起物質財富，不如體驗新事物所帶來的快樂

有時候我會很難適應自己的年齡，但回頭想想，有「一定」得適應的必要嗎？與其過於在意年齡，被束縛在「這個年紀應該要做什麼」的框架之中，還不如準確地掌握自己想要的，然後毫無顧忌地挑戰並生活下去。因此，我經常在著手進行某件事之後，就完全地沉迷。

幾年前我開始挑戰滑雪。在國、高中的時候，父母總是說「女生要是受傷了怎麼辦」，禁止我嘗試，後來因為念書和工作關係，也很難有機會去滑雪。仔細觀察那些擅長滑雪的人，我發現很多是從小就累積了豐厚的經驗，且是否受過專業指導會產生很大的差異。因此，我找到一位評價相當高的人氣講師，正式向他學習滑雪。因為看過很多人在練習的過程中受傷，所以有時也會感到害怕，想著在我這個年紀如果哪個部位受傷，很可能會導致嚴重的後果。不過，最終我還是鼓起勇氣，根據老師的指示專注地用心學習。在熟悉到一定程度後，我用自己滿意的姿勢和技巧從斜坡上滑下，那股刺激感令人終身難忘。其實，在平昌冬奧會期間，我看過無舵雪橇（luge）和俯式冰橇（skeleton）的比賽，

曾想過如果業餘選手可以滑，我也要去嘗試看看。

此外，從八年前開始，我就下定決心要挑戰很久以前就想學的體育舞蹈（dancesport）[10]，於是透過介紹認識了該領域的權威朴智宇老師，並接受為期三年的集中訓練。那段時間大概是我繼高爾夫球後，學得最幸福也最享受的時光。特別是朴老師也在年幼時期獨自前往英國留學，當時亞洲人在西方很難抬頭挺胸，但他在種族歧視嚴重的領域裡，通過競爭存活了下來，和我有著相似的經歷。因此，我們在課程的空檔時間，也會分享當時各自遭遇過的委屈。

過去在韓國，體育舞蹈很容易讓人產生負面聯想，做為選手一路爬到頂尖位置的朴智宇老師，在回國後特別注重對待體育舞蹈的態度與職業操守，積極培養後輩的模樣，令人印象深刻。而我和國高中的選手們一起練習，不僅身體變得更加健康，後來還有機會在許多觀眾面前表演倫巴，我好不容易才鼓起勇氣

10 又稱為運動舞，是以社交舞為基礎發展出來的競技性舞蹈，又分為國際標準舞與國際拉丁舞兩類。

上場，對我來說是非常有意義的挑戰。

未來還有許多日子要過，我不想用「變老」這個觀點，來看待年齡增長這件事，而是希望將之視為一種「成長」。以豐富的經驗為基礎，累積智慧與洞察力，想著自己是在變得更成熟的話，就會發覺日後還有很長的路要走。因此，不要再認為「現在的我不會變美了，也已經不再年輕，做為女人和社會人都走到盡頭了」，這麼做只是在浪費寶貴的時間。如今是應該展開新生活的時刻，希望你也能像回到二十多歲時一樣，積極地尋找自己的新人生。追尋自我存在的意義，這項目標似乎直到生命的最後一刻都不會結束。

年齡增長的話，也一定會有積極正向的變化隨之而來。以我的情況來說，和小時候相比，我的物質欲望下降了不少。如果說以前想擁有的東西很多，經常在「炫耀給別人看的事情」上花心思的話，那麼現在這樣的欲望已全然消失。根據美國康乃爾大學（Cornell University）心理學系研究團隊的實驗顯示，人們比起物質上的財富，在能夠汲取經驗的事物方面花錢，會感受到更大的幸福。用金錢購買商品的話稱作「物質財富」，而用來購買體驗則稱為「經驗財富」。舉例來說，比起花錢買精品名牌包，去欣賞一場自己喜歡的表演會更加幸福。

而我也是如此，和花錢購物比起來，我為了自己身心的愉悅和慰勞做了更多投資。只要有時間，我就會去欣賞古典樂、音樂劇或是K-POP演唱會等各種演出。此外，我還想著能否發掘自己內心柔軟的一面，生平第一次去學習繪畫，在那段時光裡我得以冷靜下來，並且獲得了療癒。

我擅長做什麼？做什麼會讓自己覺得開心？請試著重新思考一下這些問題，享受尋找自我的過程如何？如此一來，當自己發現了某樣事物時，將會獲得非常巨大的成就、滿足與幸福感。此外，如果已取得了將孩子養育成人的成就感，就更能具備龐大的自信心。為了人生的第二場比賽而尋找新工作、追求全新的人生價值，我認為這是一件非常了不起的事，這樣的女性才讓人打從心底感到尊敬。

夢想成為一名白髮記者

幾天前接到了一通令人開心的電話，是ABC新聞的傳奇女主播黛安・索耶（Diane Sawyer）打來的。雖然她已邁向七十五歲，將晚間新聞主播的位置傳給了後輩，卻依然相當活躍。她說自己興味盎然地把我所採訪的新聞全部看了一遍，並且認為韓國在這次對抗新冠病毒疫情的過程裡，表現得非常果敢、有效率，毅然決然地進行了應對，同時表示自己想以「美國能從中學到什麼教訓」為主題，製作大約一個小時的特別節目。她仔細詢問了我的意見，以及在這段期間從採訪中獲得的經驗，還詳盡地提到連我也難以理解的各種抗體實驗、疫苗研究進程等，令人肅然起敬。如果是在韓國的話，以現今七十五歲的高齡，有很大的機率會以「曾經紅極一時的老奶奶」身分過起退休生活。但是，如今的她依然充滿著熱情和追求真相的欲望，讓我不禁想到：原來她就是這樣，才成為了全公司的表率。

美國的資深記者、同時也是ABC新聞前輩的寇基・羅伯茲雖然已年過七十，而且還被診斷出罹患乳癌，卻依然持續地進行活動。CNN的特派員兼主持人克莉絲汀・艾曼普（Christiane Amanpour）已年過六十，但仍然在世界各地活躍，且為了採訪二〇一八年的南北韓高峰會，還親自造訪了韓國。就像這樣，在美國，無論是多麼資深的記者，都會直接到現場與人們見面進行採訪，並且對前往現場取材一事感到自豪與光榮。

我強烈地渴望能夠像這些優秀的前輩們一樣，做為一名記者，長久地活躍在採訪現場。我清楚地知道，就我的性格而言，親自去體驗、採訪，將觀察到的事物分析後傳達出去，會感受到無比的喜悅。而能夠奔向採訪現場，見證那屬於歷史的一瞬間，這樣的機會本身就令人心跳不已。近幾年展開的歷史性南北韓高峰會，以及在新加坡、越南舉行的川金會，前往這些現場採訪的經驗將成為歷久彌新的回憶；而關於未來在韓半島這塊土地上時刻變動著的局勢，對我而言，也化為一股期待與興奮。

然而，最近在奔赴採訪現場時，很少看到和我年紀差不多的記者，這點讓我感到十分遺憾。在韓國的媒體組織中，大部分都是派遣年輕的記者們到現場，待他們累積一定程度的經驗且升職後，通常就會去負責編輯部或轉移到評論委員的位置。

就體力方面來看，其實我也應該辭去跑現場的工作轉到編輯部，這樣或許比較合理。現在連續熬夜好幾天，或是背著沉重的行李行走，感受到的疲累程度是以前的兩倍，且因為老花眼已經找上門，若長時間盯著電腦畫面，經常一下子就湧現出疲勞感。不過，如果讓我自己選擇要跑現場還是坐編輯台，我會毫不猶豫地選擇前者，因為我非常清楚：一旦發生重大事件，我就會想前往現場，一刻也坐不住。

在電影《高年級實習生》（*The Intern*）中，由勞勃・狄尼洛（Robert De Niro）所飾演的七十歲實習生班・惠塔克曾說過這樣的話：

「經驗不會變老，也不會在時代中落伍。」（Ex-perience never gets old. Experience never gets out of fashion.）

這段台詞讓我充滿了共鳴，無論世界如何快速地變化，年長者的經驗一定都會有貫穿時代的價值；而且，在新聞現場需要的不僅僅是體力，對記者來說最重要的一項特質，就是「能否拋出好的問題」。這樣的能力來自於經驗的累積，而在現場的應對進退，歷練豐富的人也相對具有優勢。希望在韓國社會裡，能夠更懂得尊重「年長者」（senior）經驗的價值。

成為外表和內在都美麗的人

做為女性以及媒體從業者，對於年齡增長一事也經常感到苦惱，尤其是在韓國的新聞節目裡，登場的總是年輕、端莊又漂亮的女主播。電視台雖然會聘用有經驗的男主播，但是女主播的位置，大部分都會選定相較之下看起來更年輕者，而在同樣的新聞節目，女主播經常是負責傳達重要性相對低的報導。

當然，以必須站在鏡頭前面對大眾的職業來說，外貌自然相當重要，儀容端正是對觀眾最基本的禮儀；甚至也有研究結果顯示，由外貌出色者來傳達新聞，觀眾的專注程度會與之成正比。但是，似乎唯獨對女性而言，同時存在著「美麗＝年輕」這樣的公式，很多時候讓人感到遺憾。就像每個人都有各自的價值與美好，我認為隨著年齡增長，也必定存在著該年齡層固有的魅力。即使長出了皺紋、不再像過去一般光彩照人，但是我們能夠擁抱年輕時無法具備的深度和優雅，為此更應該努力地自我管理，並且懂得投資自己。

雖然聽起來很像老生常談，但年紀愈大，內在就必須與外貌同時地培養和提升。隨著歲數增加，一個人是懷抱著何種心情度日，都會體現在外表上。就像平時經常皺眉頭的人，眉間就會生出皺紋；經常露出笑容的人，眼尾就會累積出紋路一樣，人們有一部分的外貌是在生活中由自己所雕塑。因此，我總是用積極正向的思考來鍛鍊心靈，不和他人進行比較，懂得珍惜地愛護自己。每個人都會有或大或小的自卑情結，是要選擇抱著那樣的自卑感無盡地沉淪，還是要將自卑感變成武器後展翅高飛，一切都取決於自己。

夢想，沒有年齡限制

其實，在記者這個職位上得到某種程度的認可後，就會從周邊收到各式各樣的邀請，有不少勸我進軍政治界的提議，也有比現在更好的年薪待遇、能夠輕鬆坐在氣派的辦公室裡工作的機會。我只是個平凡人，每次接到這樣的提案，也並非完全沒有動搖過。然而，每當到了抉擇的瞬間，我下決定的標準都是：「那麼做，我真的會感到幸福嗎？」

工作佔據了一天當中的大部分時間，「我可以反覆做著相同的事情過生活嗎？推進一個為期數年的大案子然後獲得肯定，我能夠開心地從事這樣的工作嗎？」我向自己拋出類似的疑問後，答案立刻就會浮現。在過去的十年裡，我為此苦惱了無數次，但結論不管何時都是一樣的：記者對我來說就是天職。與形式比起來，我更傾向於重視效率，因此對我而言，記者這份工作就是我的動力泉源，也是比其他任何事都讓我更為享受的職業。

當然，我也不是沒有想過退休這件事。在退休之後，我想用什麼樣的面貌生活呢？記者二十四小時都必須豎起敏感的神經，尤其是對外電記者來說，並沒有所謂的日夜之分，因此很難自由地規劃個人時間。假設以北韓為中心的情勢又變得緊張起來，那麼不管什麼樣的私人行程都要全數取消，立刻投入採訪現場。已經計劃好的休假不僅要承擔金錢上的損失，就算對一同旅行的夥伴感到抱歉，也要果斷地放棄既定行程。在體力上遇到瓶頸，或是在現實生活中喘不過氣時，我也會經常想像自己未來在退休之後，可以過上自由、輕鬆且不會突發變數的生活。出國不是因為工作，而是制定好了完美的度假日程，從容地享受自己想看、想體驗的事物，我時時刻刻都懷抱著對閒適生活的想望。

然而，我認為現在還不是時候，因為此時的我若得知某個地方發生什麼事件，心臟就會撲通撲通地跳，身體也會不由自主地蠢蠢欲動。如今我的頭髮也漸漸變得花白，從去年開始，我也加入了染髮的行列，但我經常懷著一個小小的心願——希望有朝一日，能夠原原本本地露出那一頭帥氣的白髮。

在覺得辛苦或是感到疲憊時，我總會這樣想像著未來：頂著一頭白髮穿梭在新聞採訪現場，像尊敬的前輩們一樣，在潔白的紙張上，描繪出世界最真實的輪廓……我懇切地期盼自己也能成為那樣的記者。

國家圖書館出版品預行編目資料

優雅地反抗：勇敢做妳自己！翻轉恐懼 × 跳脫框架，追求內心真正的渴望 / 趙株烯著 ; 張召儀譯 . -- 初版 . -- 臺北市 : 日月文化 , 2021.8
264 面 ; 14.7*21 公分 . --（大好時光 ; 45）
ISBN 978-986-079-514-1（平裝）
1. 職場成功法 2. 女性
494.35 110009636

大好時光 45

優雅地反抗

勇敢做妳自己！翻轉恐懼 × 跳脫框架，追求內心真正的渴望

우아하게 저항하라

作　　者：趙株烯
譯　　者：張召儀
主　　編：俞聖柔
校　　對：俞聖柔、張召儀
封面設計：謝佳穎
美術設計：LittleWork 編輯設計室

發 行 人：洪祺祥
副總經理：洪偉傑
副總編輯：謝美玲
法律顧問：建大法律事務所
財務顧問：高威會計師事務所
出　　版：日月文化出版股份有限公司
製　　作：大好書屋
地　　址：台北市信義路三段 151 號 8 樓
電　　話：(02)2708-5509　傳　　真：(02)2708-6157
客服信箱：service@heliopolis.com.tw
網　　址：www.heliopolis.com.tw
郵撥帳號：19716071 日月文化出版股份有限公司

總 經 銷：聯合發行股份有限公司
電　　話：(02)2917-8022　傳　　真：(02)2915-7212
印　　刷：禾耕彩色印刷事業有限公司
初　　版：2021 年 8 月
定　　價：350 元
I S B N：978-986-079-514-1

生命，因閱讀而大好